浙江建投科技成果书系

大型体育场馆
有机更新技术创新

浙江省一建建设集团有限公司
编著

中国建筑工业出版社

图书在版编目（CIP）数据

大型体育场馆有机更新技术创新 / 浙江省一建建设
集团有限公司编著 . -- 北京：中国建筑工业出版社，
2024.4
（浙江建投科技成果书系）
ISBN 978-7-112-29740-5

Ⅰ.①大… Ⅱ.①浙… Ⅲ.①体育场—工程施工②体
育馆—工程施工 Ⅳ.①TU245

中国国家版本馆 CIP 数据核字（2024）第 073425 号

第19届亚运会于2023年在杭州顺利举办，此次亚运会秉持着节俭办赛的理念，充分利用现有场馆，杭州亚运会56个竞赛场馆中，有44个是改建或者临建，仅有12个新建场馆，约占总数的1/5，而31个训练场馆则全部为改造场馆。浙江省黄龙体育中心是浙江省目前规模最大的体育场馆之一，对于这类大型场馆改造项目的施工组织，需要有不同于常规的思路和安排。通过浙江省黄龙体育中心亚运会场馆改造项目施工，编者对这类项目施工组织积累了经验体会，进行了归纳总结。

本书介绍了浙江省黄龙体育中心亚运会场馆改造项目有机更新的技术创新。主要内容有7章，分别是工程综述（大型体育场馆有机更新项目施工组织的实践与探索）、绿色拆除与资源化利用关键技术、建筑微创修复关键技术、装饰装修施工关键技术、机电安装施工关键技术、体育设施专项施工关键技术、智慧场馆与运维服务技术。本书汇总编写了浙江省黄龙体育中心改造升级过程中的各项关键技术，如何在升级改造过程中做到绿色、低碳、环保，在我国实现双碳目标的大背景下，本书对同类型的工程有较大的参考价值。本书适合于建筑行业技术、管理人员参考使用。

责任编辑：王华月　张　磊
责任校对：赵　力

浙江建投科技成果书系
大型体育场馆有机更新技术创新
浙江省一建建设集团有限公司　编著
*
中国建筑工业出版社出版、发行（北京海淀三里河路9号）
各地新华书店、建筑书店经销
华之逸品书装设计制版
临西县阅读时光印刷有限公司印刷
*
开本：880 毫米 × 1230 毫米　1/16　印张：13½　字数：300 千字
2024 年 5 月第一版　2024 年 5 月第一次印刷
定价：158.00 元
ISBN 978-7-112-29740-5
（42729）

本书编委会

主　审：叶肖敬

副主审：沈张元　金巧洪　焦　挺　柯步敏　王爱萍　周伟东　楼启明

主　编：焦　挺

副主编：沈张元　王爱萍　金天红　朱　珉　赵晓光　林明旭　景　凯

编　委：毛以卫　刘官松　洪凯文　张杨子　俞建增　李伟珍　毛纪宇
　　　　郭　丹　范　喜　宣忠霖　于俊勇　姚　玫　印　静　王帅铭
　　　　宋雪芳　祝自强　高镇烽　钟逸晨　史　磊　吴　骏　祝己锐
　　　　倪　超　蔡贺龙　刘　浩　汪华宾　厉　勋　寿炳康　钟　敏

以下按姓氏笔画排序：

　　　　丁一帆　吕　奇　刘　奇　李　伟　李伟乔　李自明　李明禹
　　　　吴小富　吴斌海　张加铖　张思琦　张海洋　陈寅啸　周　萌
　　　　周鹏腾　郑彭元　胡静静　俞乐伟　郭　彭　龚　琪　鹿　艳
　　　　裘云丹　蔡挺进　阎利娜

前 言

　　杭州第19届亚洲运动会与杭州第4届亚洲残疾人运动会，是浙江省高质量发展建设共同富裕示范区时期举行的重要国际大型赛事，浙江省一建建设集团有限公司（以下简称浙江一建）有幸参与到活动当中，承建了浙江省黄龙体育中心场馆的改建任务，应用现代科技手段，对浙江省黄龙体育中心60000人主体育场、8000座体育馆、3000座游泳跳水馆及配套设施进行有机更新改造。

　　浙江省黄龙体育中心场馆有机更新改造，如何利用改造过程中所产生的多种废弃物，包括渣土、混凝土块、废塑料、废金属、废竹木等，减少建筑垃圾简易填埋堆放造成的土地资源占用、地表沉降、生态破坏等问题，是既有建筑有机更新面临的难题。2019年底项目开工不久，面对突如其来的疫情，浙江一建一方面抓紧抓实常态化疫情防控，为项目人员身体健康和有序项目建设提供保障，实现约2000人的施工现场建筑工人"零感染"，另一方面铆足干劲保证项目进度，确保项目防疫生产两手抓、两不误，力争最大限度减少疫情影响，交出"两手都要硬、两战都要赢"的高分答卷。通过搭建"5G+"数字化防疫平台，建立5G防疫指挥室，引入测温巡逻机器人、无人机巡查喊话、X战警摄像头等，实现防疫关键区域零缝隙，让项目成为2020年浙江省第一批复工项目，并承办了浙江省建筑工程防疫远程观摩会，打造浙江省首个5G认证工地。以杭州市建设工程质量安全监督技能比武暨样板工序"互看互学互比"短视频决赛为契机，弘扬工匠精神，夯实质量基石，助力打造亚运场馆精品工程。开展"让红船驶进亚运场馆建设项目"的"主题党日"活动，实时5G"云参观"南湖革命纪念馆、瞻仰南湖红船，让更多工程建设者们通过云观摩方式，"零距离"瞻仰红船，学习弘扬红船精神，激励项目党员职工安全、优质、高效完成亚运场馆工程建设任务，为浙江省"重要窗口"建设作出新贡献、展示建筑产业工人新风貌，发挥了关键时期的先锋带头作用。

浙江一建贯彻落实"简约、安全、精彩"的办赛要求，深入践行"绿色、智能、节俭、文明"的办赛理念，打造"绿色亚运""智能亚运"的浙江省黄龙体育中心靓丽金名片，改善城市环境面貌和人民群众生活品质。以杭州亚运会、亚残运会成功举办为新起点、新机遇，浙江一建将持续推进科技创新，传承弘扬浙江一建面对亚运会、亚残运会这一大战大考锻造的好作风好气质，展现浙江一建好形象，努力实现公司发展与亚运盛会"同样精彩"。

　　本书正是基于浙江省黄龙体育中心亚运会场馆改造的有机更新，分为7章讲述施工的关键技术。通过对绿色拆除与资源化利用、建筑微创修复、装饰装修、机电安装、体育设施以及智慧场馆等施工关键技术的详细介绍，展现大型体育场馆有机更新项目的共同点和施工组织特点及模式，以便于为类似项目提供参考和借鉴。

焦挺

2023年12月

目　录

第 **1** 章

工程综述

（大型体育场馆
有机更新项目
施工组织的实践
与探索）

1.1
前言

第19届亚运会于2023年在杭州顺利举办，此次亚运会秉持着节俭办赛的理念，充分利用现有场馆，杭州亚运会56个竞赛场馆中，有44个是改建或者临建，仅有12个新建场馆，约占总数的1/5，而31个训练场馆则全部为改造场馆。黄龙体育中心是浙江省目前规模最大的体育场馆之一，对于这类大型场馆改造项目的施工组织，需要有不同于常规的思路和安排。通过浙江省黄龙体育中心亚运会场馆改造项目施工，对这类项目施工组织积累了经验体会，进行了归纳总结。

1.2
大型体育场馆改造的建设特点

对于这类大型场馆改造项目，建设过程中一般具有以下几个特点。

1. 改造加固涉及面广

大型场馆改造项目原有设施设备均已陈旧、过时，需要重新根据场馆定位及使用功能要求对局部拆除改造、加固，完善场馆使用功能。由于需要改造的场馆往往建设年代较早，黄龙体育中心建成至今超过20年，改造加固工程量巨大。

2. 涉及多专业交叉作业

大型场馆改造涉及的专业工程多，尤其室内精装修、室外管线、智能化及泛光照明设备安装等工程量巨大、标准高、各专业施工队伍多，平面与立面、多工作面交叉。

3. 体育设施设备专业性强

国际体育赛事对体育设施设备有着更高的标准要求，改造前也需比赛组委会明确体育设施设备的要求，建设过程中严格按照要求进行改造，方可达到比赛标准。项目改造前亚组委对体育场草坪、塑胶跑道，体育馆运动木地板，田径训练场天然草、塑胶跑道，体育场及体育馆座椅等均提出了专业化的要求。

1.3
施工组织的难点与关键点

基于这类工程的建设特点，项目的施工组织存在较大难题，主要体现在以下几个方面。

1. 原建筑改造加固技术难度较大

大型场馆改造项目需对局部拆除局部保留，技术难度较大，采取何种加固方案，如何确保拆除作业安全可靠，如何保证局部拆除后不对原结构体系的安全可靠性造成影响，这些都是需要综合考虑的。

2. 项目结构复杂、造型奇特，施工技术要求高

大型体育场馆外形复杂、奇特，复杂的结构形式和奇特的外形对改造施工技术提出了很高的要求，如何按设计要求做好建筑外形精度控制，最终完美表现设计效果，是施工技术要解决的难点。

3. 亚运场馆设施质量要求高

亚运场馆设施按照《2022年第19届亚运会绿色健康建筑设计导则》《第19届亚运会智能建筑设计技术导则（体育场馆）》《第19届亚运会运行设计导则和制图标准》进行设计，施工质量标准也必须满足亚运场馆比赛要求，这都是远高于以往浙江省体育场馆改造要求的。

4. 机电系统数量多，调试难度大

大型场馆改造的品质提升往往依靠机电系统的改造提升，本项目除常规建筑水电暖系统外，增设比赛场地供电系统、赛时用电系统、室外草坪自动喷灌系统等，共计六大类电气系统、八大类管道系统、三大类暖通系统。在作业过程中，如何规划繁杂机电管线的高效安装，并预留检修空间；如何合理安排从局部到整体，从单系统到多系统联动的机电系统调试，发挥机电系统的最大效能，是本工程的难点之一。

5. 交叉作业多，成品保护难度大

大型场馆改造涉及的专业多，尤其室内精装修、室外精装修及医用专业设备安装等工程量巨大、标准高，各专业施工队伍多，平面与立面，多工作面交叉，需要做好动态的成品保护工作。

1.4
工程简况

浙江省黄龙体育中心亚运会场馆改造项目建设内容包括浙江省黄龙体育中心主体育

场（亚运会足球比赛场、亚残会田径比赛场）、体育馆（亚运会体操比赛场馆）、游泳跳水馆（亚运会水球比赛场馆）三个场馆改造，以及动力与物业管理中心、室外工程和亚残会设施等改造工程。项目规模如下：项目总建筑面积116059m²，其中改造既有建筑面积104059m²，扩建建筑面积5459m²，项目改造室外场地202779m²，亚运会、亚残会期间增设8050m²，各场馆可容纳人数共计62189人，其中体育场52011人，体育馆7928人，游泳跳水馆2250人；安检、备勤等临时设施建筑，赛后拆除。改造前后全景如图1-1、图1-2所示。改造内容详见表1-1。

图1-1 黄龙体育中心主体育场改造前全景

图1-2 黄龙体育中心主体育场改造后全景

各场馆改造内容表　　　　表 1-1

场馆名称	改造原则	改造场地范围
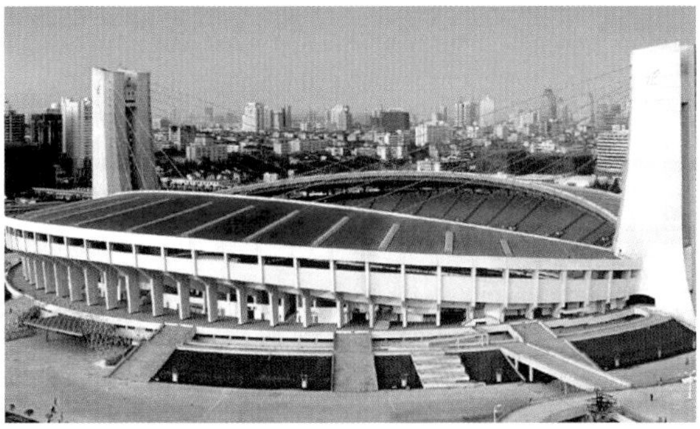 图1　黄龙体育中心体育场	第19届杭州亚运会期间本体育场拟举办亚运会足球比赛	要求将原体育场改造为亚运会足球场，黄龙体育中心体育场见图1
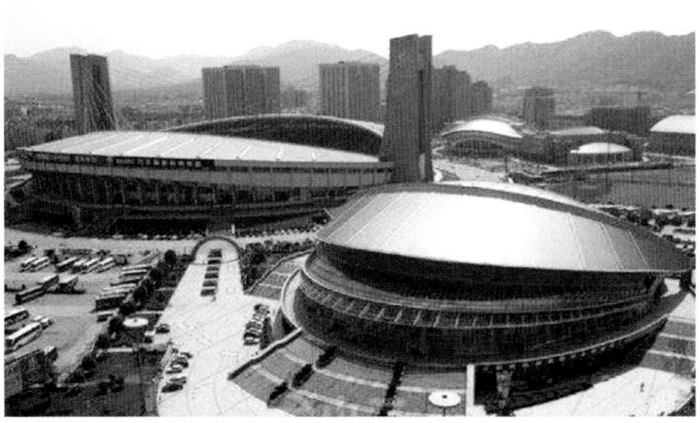 图2　黄龙体育中心体育馆	第19届杭州亚运会期间本体育馆拟举办亚运会体操比赛	要求将原体育馆改造为亚运会体操馆，黄龙体育中心体育馆见图2
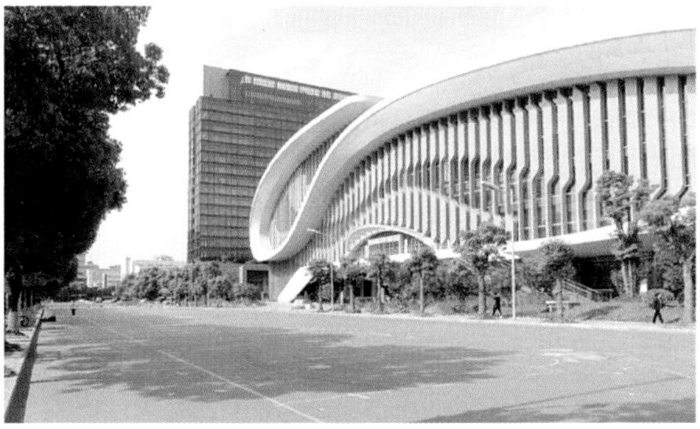 图3　黄龙体育中心游泳跳水馆	第19届杭州亚运会期间本体育馆拟举办亚运会水球比赛	要求将原游泳跳水馆改造为亚运会水球馆，黄龙体育中心游泳跳水馆见图3

1.5 项目内外部制约因素分析

1. 自身改造施工工作量大

基于亚运会期间举办比赛的要求，需对体育场、体育馆、游泳跳水馆的竞赛场地、观众区域设施、赛事功能房间、赛事专用系统、媒体及转播区、安保及交通、配套设施等体育赛事功能空间进行改造施工，确保满足亚运会足球比赛的要求。整体改造示意图如图1-3所示。

改造前，体育场外立面陈旧甚至局部破损，装饰装修陈旧，停车位布置随意，均沿体育场外环岛布置，导致人流、车流混杂。体育场内部道路面层破损严重，且由于沉降原因导致道路局部积水严重，严重影响正常使用。体育场改造前如图1-4所示。

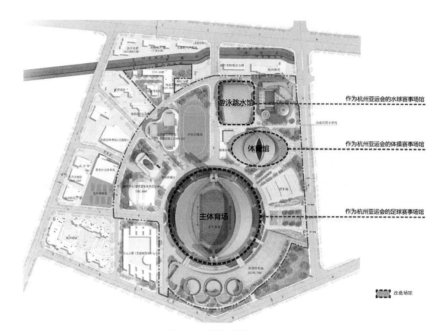

图1-3　整体改造示意图

图1-4　体育场改造前

改造前，体育馆底层部分房间被其他运营单位占用，造成外立面凌乱。地面停车无序，绿化景观不完善。游泳跳水馆外立面无需改造，赛前进行清洗即可。体育馆改造前如图1-5所示。

2.施工周期短

本项目施工周期短（仅430天），改扩建项目多，按照项目总预算估算，平均每天需建设完成近9000万元价值的成果。此外短促的工期，也会带来许多问题：

（1）资源调配问题：在有限的时间内完成大量的工作，对于人力、物资和设备的调

图1-5 体育馆改造前

配会产生很大的压力。可能需要加大投入，增加人力和设备数量，但这也可能会增加成本和管理难度。

（2）施工安排问题：在短时间内合理安排各个施工工序的先后顺序、时间节点和工作内容，需要高效的项目管理和协调能力。任何一个环节的延误都可能会导致整个工期的延长。

（3）施工质量控制问题：在工期紧迫的情况下，存在加快施工速度的诱惑，而忽视了质量控制。这可能导致施工质量下降，给后期的维护和使用带来隐患。

（4）安全风险增加：在紧凑的工期内，施工人员可能会面临更大的工作压力和时间压力，容易出现疲劳和失误。这可能会增加施工现场的安全风险，需要特别注意安全管理。

（5）合作配合问题：工期紧迫意味着各参与方之间的协作和配合需要更加紧密和高效。如果供应商、承包商、设计师等各方之间沟通不畅、协作不力，可能会影响施工进度和质量。

3.疫情影响

疫情对该项目的施工具有较大的影响，这些影响主要包括：（1）人员流动受限：疫情期间，由于各地实行封控措施、限制人员流动，施工现场的工人流动受到较大限制，导致项目进度延迟和成本增加。（2）物资供应不稳定：疫情导致物资供应链受阻，包括建材供应、设备租赁、劳动力等方面，导致施工项目的材料短缺，进一步延迟工期。（3）安全措施增加：疫情期间，施工现场需要加强防疫措施，如测量体温、佩戴口罩、消毒等，需要额外时间和费用，增加了施工的复杂性和成本。（4）资金压力增加：疫情导致市场需求下降，经济活动受限，施工项目可能面临资金压力。融资困难可能导致项目推迟或取消，对施工行业的发展造成负面影响。

4.运营状态下的改建

（1）在运营状态下进行改建会对工期产生影响，由于需要考虑到运营需求，施工活动可能需要限制在非高峰时段进行，这可能会延长施工工期。

（2）在运营状态下进行改建需要更高的安全保障措施。为了确保运营不受影响，施工活动需要尽可能减少对现有设施和运营的干扰风险，在一定程度上增加了施工的复杂性和安全风险。

（3）在运营状态下进行改建需合理规划工区，有选择地进行封闭施工和分段施工，以最大程度地减少对运营区域的干扰。合理划分施工区域并做好管控工作，可降低改建对运营产生的不利影响。

（4）改建项目需要兼顾施工成本和运营效益。施工期间，需要提供临时设施和服务来满足运营需求，这会对资金预算产生额外的压力。

（5）在运营状态下进行改建还需要与业主、运营方以及施工方之间进行密切的沟通与协调。各方需要共同制定合适的改建计划，方可确保运营的正常进行并满足改建的施工需求。

5.闹市区施工

本项目地处城市中心区域，交通拥挤，存在不少限制。首先，黄龙体育场周围建筑密集，施工时施工空间受限，对施工活动的布局和动线产生影响，限制了施工设备和材料的存放及操作空间。其次，受到交通管制与施工时间限制，为了确保施工安全与周边交通秩序，西湖区有严格的交通管制措施。施工活动需要在特定时间段进行，并需要与相关部门进行协调，以确保施工交通流畅。再次，对噪声和粉尘控制要求高，需要加强对噪声和粉尘的控制。为了减少对周边居民和商业场所的干扰，施工时需要采取噪声隔离措施和封闭施工措施，确保施工环境的安静和舒适。最后，施工与商业需求冲突，该项目地处商业繁华地段，周边有商业设施、购物中心、餐饮场所等。改建施工往往会对商业活动造成干扰，导致商家和消费者流失。因此，施工时需要与商业方进行积极沟通与合作，尽量减少对商业的影响。

1.6

多因素动态制约，项目总体部署要求高

本项目施工部署制约因素多，基于这类工程的建设特点，项目的施工组织存在较大难题，主要体现在以下几个方面。

1.按照亚运会比赛要求，明确各区块改造要求

根据第19届亚运会场馆建设要求和功能评估报告，亚运会场馆改造主要是对竞赛场地、观众区域设施、赛事功能房间、赛事专用系统、媒体及转播区、安保及交通、配套设施等7个方面进行改造升级。

黄龙体育中心本次改造建筑主要为体育场、体育馆、游泳跳水馆。改造施工前需明确场馆比赛、训练时各层使用功能要求。体育场、体育馆、游泳跳水馆各层平面要求如图1-6～图1-15所示。

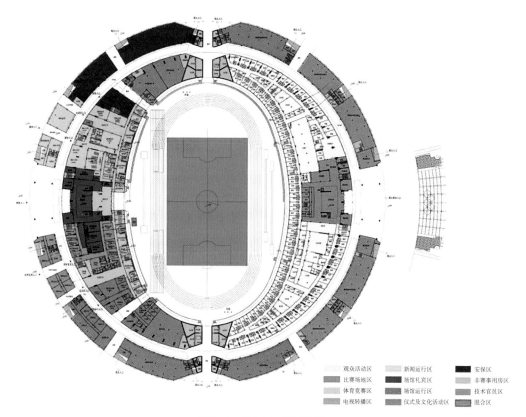

观众活动区	新闻运行区	安保区
比赛场地区	场馆礼宾区	非赛事用房区
体育竞赛区	场馆运行区	技术官员区
电视转播区	仪式及文化活动区	混合区

图1-6 体育场一层平面图

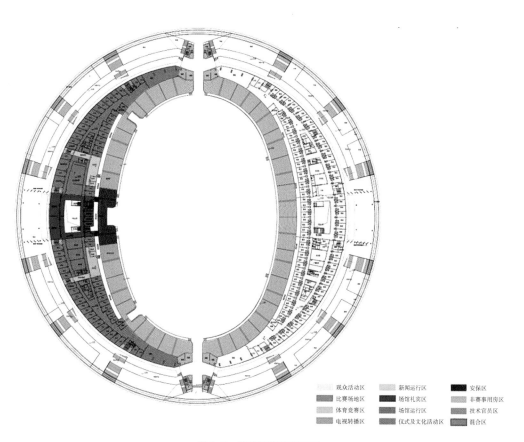

观众活动区	新闻运行区	安保区
比赛场地区	场馆礼宾区	非赛事用房区
体育竞赛区	场馆运行区	技术官员区
电视转播区	仪式及文化活动区	混合区

图1-7 体育场夹层平面图

第1章 工程综述（大型体育场馆有机更新项目施工组织的实践与探索）

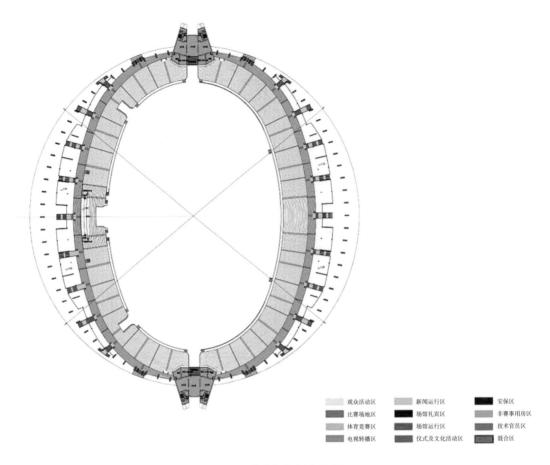

观众活动区	新闻运行区	安保区
比赛场地区	场馆礼宾区	非赛事用房区
体育竞赛区	场馆运行区	技术官员区
电视转播区	仪式及文化活动区	混合区

图1-8 体育场平台层平面图

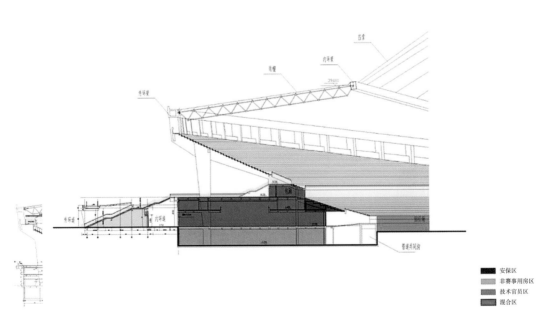

安保区	
非赛事用房区	
技术官员区	
混合区	

图1-9 体育场剖面图

大型体育场馆
有机更新技术创新

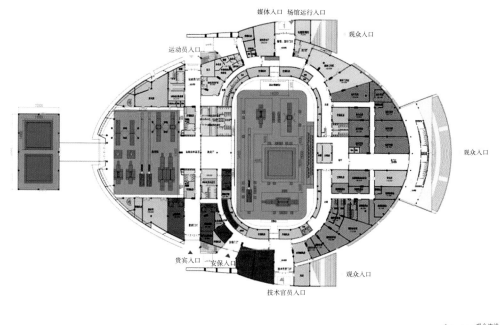

图1-10 体育馆一层平面图

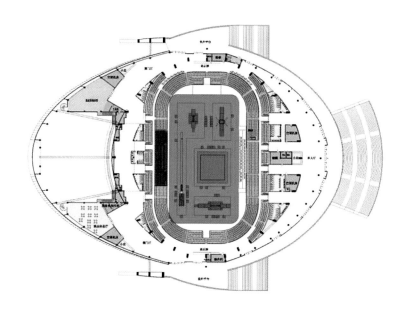

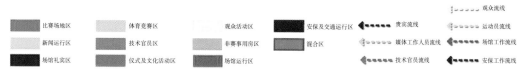

图1-11 体育馆二层平面图

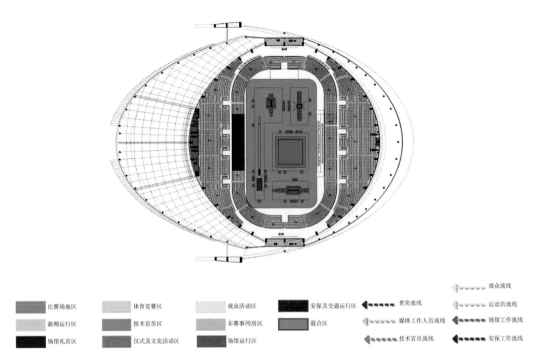

比赛场地区	体育竞赛区	观众活动区	安保及交通运行区
新闻运行区	技术官员区	非赛事用房区	混合区
场馆礼宾区	仪式及文化活动区	场馆运行区	

观众流线
贵宾流线　　运动员流线
媒体工作人员流线　　场馆工作流线
技术官员流线　　安保工作流线

图1-12　体育馆三层平面图

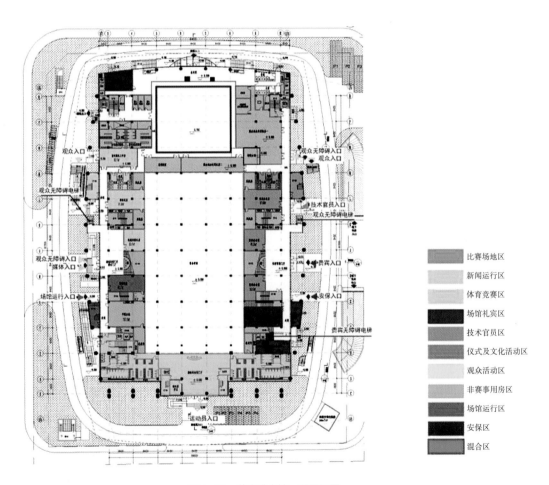

	比赛场地区
	新闻运行区
	体育竞赛区
	场馆礼宾区
	技术官员区
	仪式及文化活动区
	观众活动区
	非赛事用房区
	场馆运行区
	安保区
	混合区

图1-13　游泳跳水馆一层平面图

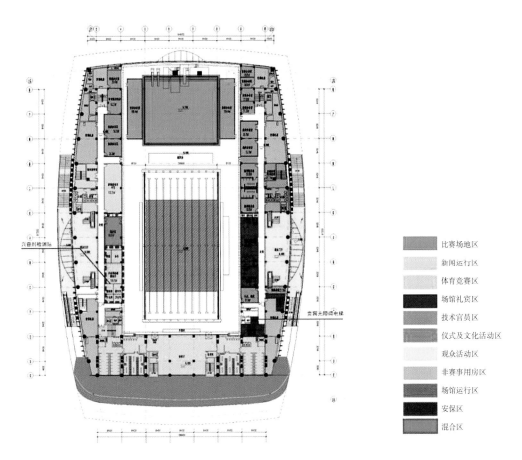

比赛场地区
新闻运行区
体育竞赛区
场馆礼宾区
技术官员区
仪式及文化活动区
观众活动区
非赛事用房区
场馆运行区
安保区
混合区

图1-14　游泳跳水馆二层平面图

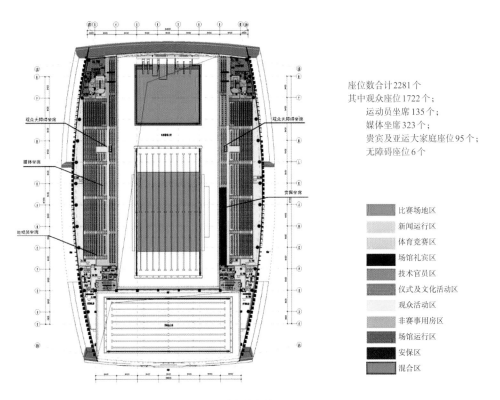

座位数合计2281个
其中观众座位1722个；
运动员坐席135个；
媒体坐席323个；
贵宾及亚运大家庭座位95个；
无障碍座位6个

比赛场地区
新闻运行区
体育竞赛区
场馆礼宾区
技术官员区
仪式及文化活动区
观众活动区
非赛事用房区
场馆运行区
安保区
混合区

图1-15　游泳跳水馆四层平面图

2. 做好保留建筑的结构安全性鉴定

（1）应力与温度监测

为保证结构的应力测试效果，拟选用振弦式应变传感器（图1-16）进行，振弦式应变传感器是利用元件内部张紧的弦的自振频率变化作为测量变形的手段，当向仪器内的磁铁输入直流脉冲电流时，电磁铁成为激振器使钢弦振动，通过测量钢弦振动的频率，就可以求得钢弦应变，进而求得混凝土的应力。通过性价比分析，决定选用智能弦式数码应变计，这是一种表贴式应变计，由安装座、应变计、保护罩组成。适用于各种钢结构和混凝土结构表面应变测量，可重复利用。将安装座焊接在钢结构表面，或用膨胀螺钉固定在混凝土结构表面时，适应长期监测和自动化测量。该应变计不仅能测量结构的应变，还可监测测点的温度，其主要技术指标：

仪器标距：128mm；

量程：±3000με；

灵敏度：≤ 0.5×10^{-6}/F；

测量精度：±0.1%F.S；

温度测量范围：−40～+150℃；

温度测量精度：±0.5℃。

图1-16　振弦式应变传感器

采集应力数据所用综合测试仪主要仪器信息如下：

型号：JMZX-3001L；

仪器编号：ZDTM/IE-0320-007；

校准证书编号：2022021804289005。

针对北和南塔楼主要受拉外墙部分，分别在西侧和东侧5～6层楼梯中间的外墙内侧表面布置应力应变测点，北和南塔楼各安装4个传感器，共8个测点。针对屋盖结构的主要受力构件内环梁，在跨中、1/4跨、3/4跨、端部和螺栓异常处的主要受力点与反弯点布置测点，东西区内环梁各选取6个截面，每个截面布置4个传感器，不少于26个测点。应力应变（温度）测点编号见表1-2、表1-3，如图1-17～图1-19所示。

塔楼应力应变（温度）测点编号列表   表1-2

测点位置	测点编号	测点位置	测点编号
北塔西侧 5～6 层楼梯之间	NW5-6-D	南塔西侧 5～6 层楼梯之间	SW5-6-D
北塔西侧 5～6 层楼梯之间	NW5-6-U	南塔西侧 5～6 层楼梯之间	SW5-6-U
北塔东侧 5～6 层楼梯之间	NE5-6-D	南塔东侧 5～6 层楼梯之间	SE5-6-D
北塔东侧 5～6 层楼梯之间	NE5-6-U	南塔东侧 5～6 层楼梯之间	SE5-6-U

注：NW、NE、SW、SE 分别表示北塔西侧、北塔东侧、南塔西侧、南塔东侧，NW5-6-D 和 NW5-6-U 均表示位于北塔西侧 5～6 层楼梯之间，其中 D 和 U 分别代表安装位置的上和下。

内环梁应力应变（温度）测点编号列表   表1-3

测点位置	测点编号	测点位置	测点编号
西区北端底部夹板	NW-9-10-D	东区北端底部夹板	NE-9-10-D
西区北端顶部夹板	NW-9-10-U	东区北端顶部夹板	NE-9-10-U
西区北端底部跨焊缝处	NW-9-10-DK	东区北端底部跨焊缝处	NE-9-10-DK
西区北端顶部跨焊缝处	NW-9-10-UK	东区北端顶部跨焊缝处	NE-9-10-UK
西北区 1/4 跨底部跨焊缝处	NW-5-6-D	东北区 1/4 跨底部夹板	NE-5-6-D
西北区 1/4 跨顶部跨焊缝处	NW-5-6-U	东北区 1/4 跨顶部夹板	NE-5-6-U
西北区 1/4 跨底部夹板	NW-5-6-DK	东北区 1/4 跨底部跨焊缝处	NE-5-6-DK
西北区 1/4 跨顶部夹板	NW-5-6-UK	东北区 1/4 跨顶部跨焊缝处	NE-5-6-UK
西区北中底部夹板	NW-0-1-D	东区北中底部夹板	NE-0-1-D
西区北中顶部夹板	NW-0-1-U	东区北中顶部夹板	NE-0-1-U
西区北中底部跨焊缝处	NW-0-1-DK	东区北中底部跨焊缝处	NE-0-1-DK
西区北中顶部跨焊缝处	NW-0-1-UK	东区北中顶部跨焊缝处	NE-0-1-UK
西区南中底部夹板	SW-0-1-D	东区南中底部夹板	SE-0-1-D
西区南中顶部夹板	SW-0-1-U	东区南中顶部夹板	SE-0-1-U
西区南中底部跨焊缝处	SW-0-1-DK	东区南中底部跨焊缝处	SE-0-1-DK
西区南中顶部跨焊缝处	SW-0-1-UK	东区南中顶部跨焊缝处	SE-0-1-UK
西南区 3/4 跨底部夹板	SW-5-6-D	东南区 3/4 跨底部夹板	SE-5-6-D
西南区 3/4 跨顶部夹板	SW-5-6-U	东南区 3/4 跨顶部夹板	SE-5-6-U
西南区 3/4 跨底部跨焊缝处	SW-5-6-DK	东南区 3/4 跨底部跨焊缝处	SE-5-6-DK
西南区 3/4 跨顶部跨焊缝处	SW-5-6-UK	东南区 3/4 跨顶部跨焊缝处	SE-5-6-UK
西区南端底部夹板	SW-9-10-D	东区南端底部夹板	SE-9-10-D
西区南端顶部夹板	SW-9-10-U	东区南端顶部夹板	SE-9-10-U
西区南端底部跨焊缝处	SW-9-10-DK	东区南端底部跨焊缝处	SE-9-10-DK
西区南端顶部跨焊缝处	SW-9-10-UK	东区南端顶部跨焊缝处	SE-9-10-UK

注：东西区各一根内环梁，每根内环梁分两段，每段再具体分为十段，另加一跨中嵌补段（跨中嵌补段编号为 0，跨中第二段向端部依次编号为 1～10 号）。D、U、DK、UK 分别表示底部、顶部、底部跨焊缝处和顶部跨焊缝处，如 NW-9-10-D 表示西区北端位于 9 号和 10 号分段连接处底部夹板位置。

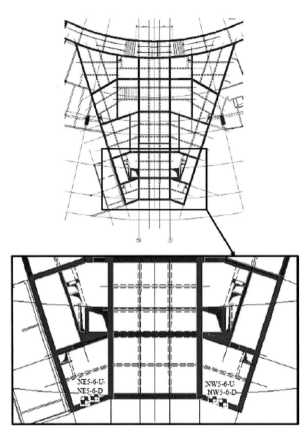

图1-17　北塔应力应变（温度）测点布置示意图

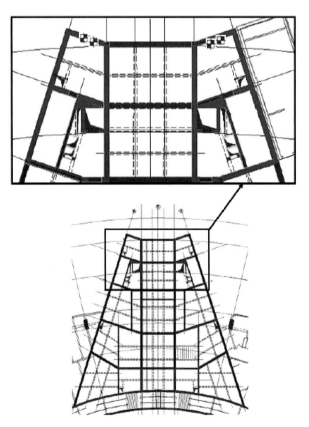

图1-18　南塔应力应变（温度）测点布置示意图

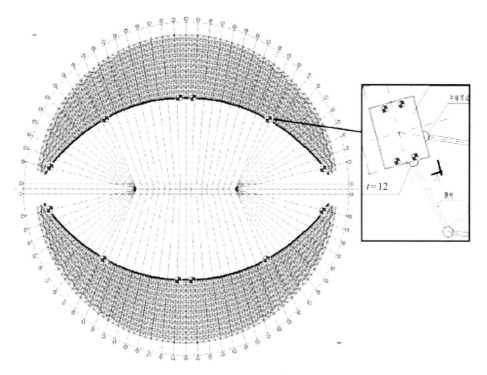

$t = 12$

图1-19　内环梁应力应变（温度）测点分布示意图

（2）变形监测

　　采用全站仪（图1-20）进行东西区内、外环梁檐口部位的挠度监测以及北和南塔楼的沉降和垂直度监测。全站仪即全站型电子测距仪，是一种集水平角、垂直角、斜距、平距、高差测量功能于一体的测绘仪器系统。一次安置仪器就可完成该测站上全部测量工作，测角操作简单化，且可避免读数误差的产生。广泛用于各种大型地上建筑和地下隧道施工等精密工程测量或变形监测领域，能满足该测量项目的需要。

　　全站仪主要仪器信息如下：

图1-20　全站仪

型号：NETO5AXI；

仪器编号：ZDTM/IE-0320-014。

针对施工过程中的结构沉降，在北和南塔楼各有4个沉降观测点，观测整个施工过程中的结构沉降变化，共计8个测点。针对施工过程中屋盖结构的挠度变化，在外环梁檐口、内环梁檐口部位，东西区均匀设置挠度观测点，监测屋盖结构在施工前后的挠度变化，不少于20个测点。针对施工过程中的塔楼倾斜，在北和南塔楼上中下部位设置倾斜观测点，监测塔楼结构在施工前后的倾斜变化，共计12个测点。测点编号见表1-4、表1-5，如图1-21～图1-23所示。

塔楼沉降测点编号列表　　　　　　　　　　　　　表1-4

测点位置		测点编号	测点位置		测点编号
北塔	西北点	NT-NW	南塔	西北点	ST-NW
	东北点	NT-NE		东北点	ST-NE
	西南点	NT-SW		西南点	ST-SW
	东南点	NT-SE		东南点	ST-SE

屋盖挠度测点编号列表　　　　　　　　　　　　　表1-5

测点位置		测点编号	测点位置	测点编号
内环梁	西北区1号索端部处	NHL-NW1	东北区1号索端部处	NHL-NE1
	西北区3号索端部处	NHL-NW3	东北区3号索端部处	NHL-NE3
	西北区5号索端部处	NHL-NW5	东北区5号索端部处	NHL-NE5
	西北区7号索端部处	NHL-NW7	东北区7号索端部处	NHL-NE7
	西北区9号索端部处	NHL-NW9	东北区9号索端部处	NHL-NE9
	西南区1号索端部处	NHL-SW1	东南区1号索端部处	NHL-SE1
	西北南3号索端部处	NHL-SW3	东南区3号索端部处	NHL-SE3
	西南区5号索端部处	NHL-SW5	东南区5号索端部处	NHL-SE5
	西南区7号索端部外	NHL-SW7	东南区7号索端部处	NHL-SE7
	西南区9号索端部外	NHL-SW9	东南区9号索端部处	NHL-SE9
外环梁	东南区2号轴线处	WHL-SE2	西南区61号轴线处	WHL-SW61
	东南区6号轴线处	WHL-SE6	西南区65号轴线处	WHL-SW65
	东南区10号轴线处	WHL-SE10	西南区69号轴线处	WHL-SW69
	东南区14号轴线处	WHL-SE14	西南区73号轴线处	WHL-SW73
	东南区18号轴线处	WHL-SE18	西南区77号轴线处	WHL-SW77
	东北区23号轴线外	WHL-NE23	西北区41号轴线处	WHL-NW41
	东北区26号轴线处	WHL-NE26	西北区45号轴线处	WHL-NW45
	东北区30号轴线处	WHL-NE30	西北区49号轴线外	WHL-NW49
	东北区34号轴线处	WHL-NE34	西北区53号轴线处	WHL-NW53
	东北区38号轴线处	WHL-NE38	西北区57号轴线处	WHL-NW57

注：NT、ST表示北塔、南塔。

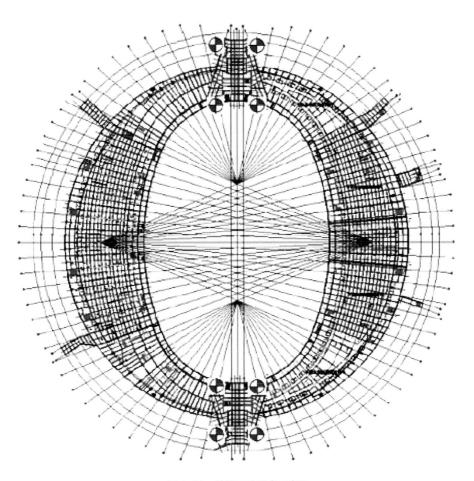

图 1-21 结构沉降测点示意图

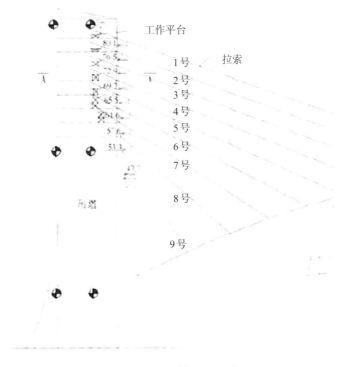

图 1-22 塔楼倾斜观测点示意图

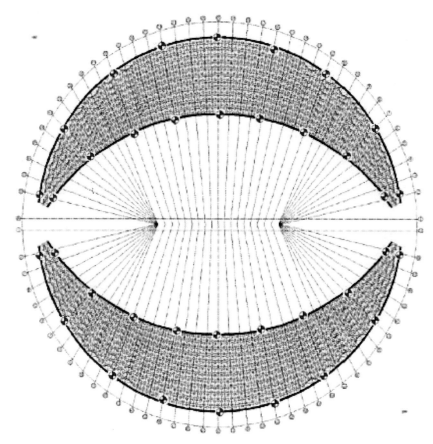

图1-23 网架结构内外环梁位移观测点示意图

（3）索力监测

采用DH5906无线遥测振动（索力）测试分析系统（图1-24）进行屋盖结构斜拉索索力测试，该无线索力测试系统已经广泛应用于斜拉桥、悬索桥、系杆拱桥以及其他采用缆索施工的大跨结构、钢结构工程中，具有以下特点和优势：

1）内置高灵敏加速度传感器，体积小巧、方便携带；

图1-24 DH5906无线遥测振动（索力）测试分析系统

2）采用高速、可靠的无线数据传输，既保证了测量结果的准确性，又最大程度保证了施工人员的安全；

3）使用强磁吸盘安装，免除繁琐的现场布线；

4）与计算机通信采用 USB 接口，控制器采用 USB 供电，方便现场使用。

无线索力测试仪主要仪器信息如下：

型号：DH5906W；

到期日期：2023.4.20；

仪器编号：ZDTM/IE-0320-084。

针对施工过程中斜拉索可能发生的索力变化，由于结构受施工影响的受力状态改变对于斜拉索的影响存在联动性，在东南西北4个区域至少各选一根斜拉索进行索力定期监测，并对北塔18根斜拉索进行定期监测，不少于20个测点，测点编号如图1-25、表1-6所示。

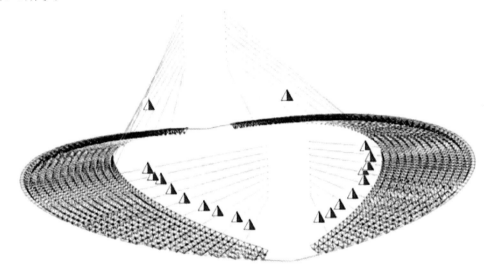

图1-25　斜拉索索力监测点示意图

斜拉索索力监测测点编号　　　　　　　　　　　　　　　　表1-6

测点位置	测点编号	测点位置	测点编号
西北区 1 号斜拉索	LS-NW-1	东北区 1 号斜拉索	LS-NE-1
西北区 2 号斜拉索	LS-NW-2	东北区 2 号斜拉索	LS-NE-2
西北区 3 号斜拉索	LS-NW-3	东北区 3 号斜拉索	LS-NE-3
西北区 4 号斜拉索	LS-NW-4	东北区 4 号斜拉索	LS-NE-4
西北区 5 号斜拉索	LS-NW-5	东北区 5 号斜拉索	LS-NE-5
西北区 6 号斜拉索	LS-NW-6	东北区 6 号斜拉索	LS-NE-6
西北区 7 号斜拉索	LS-NW-7	东北区 7 号斜拉索	LS-NE-7
西北区 8 号斜拉索	LS-NW-8	东北区 8 号斜拉索	LS-NE-8
西北区 9 号斜拉索	LS-NW-9	东北区 9 号斜拉索	LS-NE-9
西南区 1 号斜拉索	LS-SW-1	东南区 1 号斜拉索	LS-SE-1
西南区 2 号斜拉索	LS-SW-2	东南区 2 号斜拉索	LS-SE-2

测点位置	测点编号	测点位置	测点编号
西南区3号斜拉索	LS-SW-3	东南区3号斜拉索	LS-SE-3
西南区4号斜拉索	LS-SW-4	东南区4号斜拉索	LS-SE-4
西南区5号斜拉索	LS-SW-5	东南区5号斜拉索	LS-SE-5
西南区6号斜拉索	LS-SW-6	东南区6号斜拉索	LS-SE-6
西南区7号斜拉索	LS-SW-7	东南区7号斜拉索	LS-SE-7
西南区8号斜拉索	LS-SW-8	东南区8号斜拉索	LS-SE-8
西南区9号斜拉索	LS-SW-9	东南区9号斜拉索	LS-SE-9

注：LS表示斜拉索，NW、NE、SW、SE分别表示西北、东北、西南、东南四个区斜拉索，后缀数字表示斜拉索编号。

（4）测点布置

在兼顾结构施工状态监测信息全面性与成本经济性的前提下，初步设计测点布置规模。应力监测对象主要为钢结构屋盖内环梁，主要对钢结构跨中、1/4跨处、3/4跨处、连接螺栓异常处、端部等位置的应力与温度进行跟踪监测，布设测点不少于26个，对主体混凝土结构塔楼沉降进行监测，测点数量8个。变形监测对象包括钢结构屋盖和混凝土主体结构，主要对钢结构主跨实施关键控制点的位移变形监测，测点不少于20个，同时对主体混凝土结构塔楼垂直度进行监测，测点数量12个，对拉索进行索力监测，测点不少于20个。测点布置汇总见表1-7。

测点布置汇总表   表1-7

序号	测试部位	测试内容	测试方法	数量	标记
1	内环梁塔楼	应力应变	振弦式应变传感器	26	⊞
2	混凝土结构	沉降	激光全站仪	8	⊕
	屋盖结构	挠度	激光全站仪	20	
	塔楼垂直度	倾斜	激光全站仪	12	
3	屋盖结构	索力	振动加速度传感器	20	⚠

（5）测点现场

部分应力测点现场如图1-26所示。

图1-26　应力测点现场图

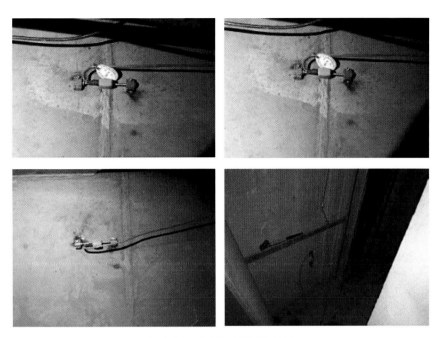

图1-26 应力测点现场图（续）

部分变形测点现场如图1-27所示。

图1-27 变形测点现场图

部分索力测点现场如图1-28所示。

图1-28 索力测点现场图

图1-28　索力测点现场图（续）

3.高质量做好保留建筑结构的加固施工

该体育场、体育场配套用房、体育馆、游泳跳水馆为既有建筑改造项目，原结构为钢筋混凝土框架结构，其中体育场及配套用房局部钢筋混凝土梁板结构，采用梁粘钢加固技术。梁粘钢加固节点如图1-29所示。

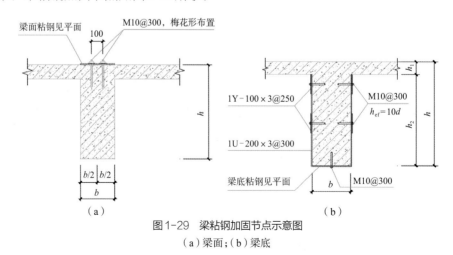

图1-29　梁粘钢加固节点示意图
（a）梁面；（b）梁底

粘钢加固是在混凝土构件表面用建筑结构胶粘钢板，依靠结构胶良好的正粘结力和抗剪切性能，使钢板与混凝土牢固地形成一体，以达到加固补强作用。建筑结构胶将钢板（型钢）与混凝土紧密粘结，将加固件与被加固体结合为一体。局部加固区域如图1-30所示。

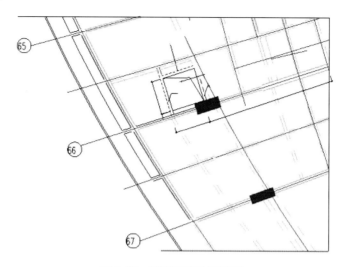

图1-30　局部加固区域示意图

1.7
保障措施

通过对本项目改造建设的目标和面临的难题进行分析，特成立了相应的指挥协调机构，采取了强有力措施，形成了该类大型场馆改造项目的总包管理模式，本项目开工仪式如图1-31所示。

图1-31　本项目开工仪式

1.组织保障

针对项目定位，搭建了项目组织架构（图1-32）。通过建立项目指挥部提高层级，加强内部资源调配能力和外部协调效果；通过管理线的部门设置和分块分专业的块区设置的条块管理，保证管理到边，不留死角；通过EPC指挥部、项目管理部、实务执行专业团队三级外部沟通联络机制的建立，争取外部理解支持，提高协调效果；通过分区包保机制的建立，确保职责落实到岗到人，绩效体现到位。

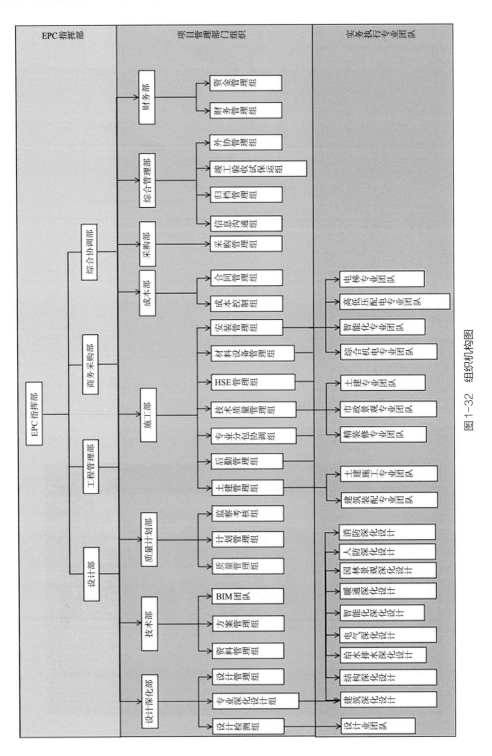

图1-32 组织机构图

大型体育场馆
有机更新技术创新

项目组织机构设置原则：

（1）一次性和动态性原则

一次性主要体现为总承包项目组织是为实施工程项目而建立的专门的组织机构，由于工程项目的实施是一次性的，因此，当项目完成以后，其项目管理组织机构也随之解体。动态性主要体现在根据项目实施的不同阶段，动态地配置技术和管理人员，并对组织进行动态管理。

（2）系统性原则

在总承包项目管理组织中，无论是业主项目组织，还是EPC总承包商项目组织，都应纳入统一的项目管理组织系统中，要符合项目建设系统化管理的需要。项目管理组织系统的基础是项目组织分解结构。每一组织都应在组织分解结构中找到自己合适的位置。

（3）管理跨度与层次匹配原则

现代项目组织理论十分强调管理跨度的科学性，在总承包项目的组织管理过程中更应该体现这一点。适当的管理跨度与适当的层次划分和适当授权相结合，是建立高效率组织的基本条件。对总承包项目组织来说，要适当控制管理跨度，以保证得到最有价值的信息；要适当划分层次，使每一级领导都保持适当领导幅度，以便集中精力在职责范围内实施有效的领导。

2.大集团支撑、专业配套

从集团层面，对这类大型场馆改造项目进行重点关注。在人、财、物的资源保障之外，集团招采、合约、技术平台提供蹲点深度服务，体现有效支撑。同时，大集团长期以来集聚的核心、紧密、松散型专业配套单位，也在技术、资源、项目管理上可以给予有效的支撑。（1）招采与合约管理：集团通过加强对招标采购和合约管理的监督与支持。通过建立透明、公正的招标程序，确保选择到具有丰富经验和高质量服务的承包商。合约方面，注重明确责任、规定工作进度和质量标准，以降低项目风险并保障项目按时交付。（2）技术平台的深度服务：集团通过投入更多资源于技术平台，提供深度服务以支持大型场馆改造项目。这包括采用先进的建模和仿真技术，以优化设计方案和工程进度。技术平台也应能够及时响应和解决项目的技术难题，确保改造过程的顺利推进。（3）核心、紧密、松散型专业配套单位的协同合作：充分利用集团长期积累的核心、紧密、松散型专业配套单位的资源和经验。通过协同合作，在技术、资源、项目管理等方面互相支持，以形成强大的综合实力，助力项目中的多样化挑战，提高项目整体执行效能。

3.强化施工组织设计的重要地位

工程复杂性和难度提升了施工组织设计的地位和重要性。大型场馆改造工程由于其多功能和多专业的组合、超大的建筑规模、标志性建筑造型，决定了工程结构复杂，施工和协调难度大。必须制定统筹安排全局的施工组织设计作为纲领性文件，以应对各个专业工程的施工方案的选择、节点目标的管控、人材机保障、边界条件的设定等问题，保证工程进度、质量、安全和成本受控，避免出现混乱。

施工组织设计的总体筹划中，必须坚持从整个大型场馆改造的总体规划及各部分建设要求出发，综合平衡各方需求。在场地运输组织中，也要贯彻大物流的理念。大物流组织应兼顾各方不同施工阶段对施工场地和物流通道的需求，并根据所在城市的道路状况和行政法规，提前策划申请特殊车辆、材料和构配件的进出场道路。

4.防疫保障

项目建设过程正值疫情，对项目的顺利开展提出了挑战。首先，通过建立健全疫情防控机制，包括疫情防控方案、完善防控措施、舆情监控措施等。公司密切关注疫情的发展动态，及时做出有效的应对措施，确保工人和组织的安全。其次，公司提供必要的防护设备和物品，例如口罩、消毒液、体温计等，向工人发放必需的防护用品，保护员工的健康安全。再次，公司加大消毒力度，定期对办公场所进行消毒，减少疫情传播的风险。同时，公司积极推进线上办公，避免人员聚集。通过视频会议、网络办公平台等方式，实现远程办公。最后，公司加强员工健康管理，要求员工每天报告体温，密切关注员工的健康状况。如果员工出现疑似症状，及时采取措施，帮助员工进行诊断和治疗，避免疫情扩散。

5.党建保障

本项目党支部在项目建设过程中，始终坚持以政治建设为统领，努力深化"支部建在项目上"工作，坚持把党的领导融入工程建设方方面面，挺膺担当、实干作为，项目党支部认真学习贯彻中央精神，结合省委"两手硬、两战赢"的决策部署要求，努力编织党建"三张网"助力项目建设，为亚运添彩。

一是编好责任体系网，项目党支部推行"1234"基本工作制，夯实党建基础工作，按照党支部年度工作计划落实各项基础党务工作。项目党支部推行项目长制——由公司总经理担任项目长、第一书记。项目党支部落实廉政责任制——落实"项目廉政十不准"，支部所有成员签订廉政责任书；对关键岗位以谈话、教育等方式筑牢党员廉政防线；党支部开通信访通道、设立信访箱，充分发挥民主监督作用。项目党支部推行人才工作责任制——落实集团大学生"六个有"制度、师徒帮带制度、党支部重点人才帮带制度、开展青年交流10余次，对新进大学生实行轮岗制度，积极培养各条线人才。二是编好科技防控网，项目党支部与中国移动进行党建合创，建立5G防疫指挥室，引入无人机、机器人等各类智能设备，实现疫情防控零感染。项目党支部成立党员科技突击队，和中国科学院、品茗等技术人员联合研究智慧工地设备，创新应用CCTV小机器人。三是编好党建保障网，党支部以党建共建为背景，开展"建筑工人沟通日""共建慰问"等活动，每月开展沟通日，收集意见350余条，发放慰问品5500余份。通过这一载体，党支部了解工人思想、化解项目矛盾。

第 **2** 章

绿色拆除
与资源化利用
关键技术

绿色拆除是指在拆除建筑物或设施时采取环保、可持续的方式，最大程度地减少对环境和资源的影响，并尽可能地回收和再利用拆除产生的材料和装备。在对浙江省黄龙体育中心亚运场馆改造过程中，需要对主体育场的大小台阶及配套用房进行拆除，在拆除过程中将会产生大量建筑垃圾。在拆除后如何处理这部分建筑垃圾，同时满足改造项目整体设计指导方针中的"尊重环境""建筑的可持续发展"，是本次拆除考虑的一个重点问题。

2.1
绿色拆除与资源化利用简介

本项目所涉及大型拆除重建部位具体为：体育场附属用房、孵化基地协会用房、体育场东入口门卫（售票中心）。

（1）体育场附属用房拆除改造前为小型商铺及部分办公功能性用房，改造后增加外圈辅房屋面和空中跑道。体育场附属用房拆除改造前后对比如图2-1～图2-6所示。

（2）孵化基地协会用房整体拆除，拆除改造后建为"健身服务用房"。

（3）体育场东入口门卫（售票中心）进行了改造提升。

（4）根据设计图纸确定改造拆除部分及保留利用部分，拆除改造墙体示意图如图2-7所示。

本项目产生的建筑垃圾主要包含新建、拆除建筑物时和装饰装修施工中产生的废弃物。其中体量最大的为拆除孵化基地、体育场配套用房主体结构产生的建筑垃圾，

图2-1　体育场附属用房拆除改造前

图2-2　体育场附属用房拆除改造后

大型体育场馆
有机更新技术创新

图2-3　孵化基地协会用房拆除改造前

图2-4　孵化基地协会用房拆除改造后建为"健身服务用房"

图2-5　体育场东入口门卫（售票中心）改造前

图2-6　体育场东入口门卫（售票中心）改造后

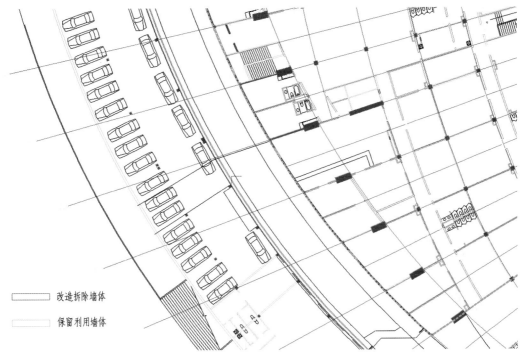

图2-7　拆除改造墙体示意图

这部分建筑垃圾也是危害最大的。但其组成也较为单一，废砖、废砂浆、混凝土块占95%以上。

2.2
体育场室外大型台阶无损拆除技术

1.拆除范围

黄龙体育中心体育场周围一圈平房和通往体育场看台的大台阶拆除，拆除结构为混凝土框架结构，拆除面积约13000m²，需拆除平房为地上一层，层高5m，需拆除大台阶为12个，小台阶4个，台阶高度为5～8m。大台阶部位示意图如图2-8所示。

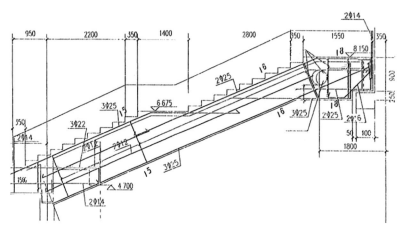

图2-8　大台阶部位示意图

2.施工要点

（1）拆除工作主要内容：体育场外部雨水管改道、平房及地梁拆除、台阶拆除。

（2）通往体育场看台的大台阶是此次拆除项目的难点和重点。特制定一套合理、安全的拆除方案。

（3）本工程的安全、防尘工作是本工程中非常重要的工作，因此项目部将建立一套行之有效的安全管理体系及施工措施，确保施工人员及工作人员的安全，保证工程的拆除工作在工期内顺利完成。

（4）拆除工作势必造成相对较大的噪声和振动，为了减少对周围人员造成的影响，项目部将严格执行拆除时间上的要求。

（5）本次拆除工作要在规定的时间内完成，这就要求采用合理的施工安排、拆除流程以及拆除方法，保证在规定时间内将工程需要拆除的房屋和大台阶通道全部拆除，保证项目顺利完成。

（6）每天施工完毕后对运输使用的道路进行清扫，以保证路面卫生的清洁，不影响该地区的卫生环境。

（7）配套用房地梁及与地下室相关的框架柱拆除注意对原地下室结构的保护。

（8）人行天桥、塔楼及大小台阶上搁置牛腿的拆除需注意拆除工作的安全，做好成品保护工作，加强对原有结构的保护。

3.技术实施

施工采取"先切断（电缆、水、电、气、管道）、先上后下、先内后外、先附属后结构"的施工原则。根据本工程方要求，采取机械拆除为主、人工为辅。

进入现场后设立安全警示带及标语，在施工作业点派公司专业安全人员24h轮流值班。安排专业队伍用破碎机对房屋进行拆除，并配合适量的拆除专业人员对现场进行清理和运出现场，机械施工时为公司工作人员配备一支高压水枪对被拆建筑物施工现场喷水防尘。

（1）进入施工现场，首先拆除与拆除物相连的管道、设备、电气、照明设施。拆除前需切断水电电源。

（2）拆除建筑物内所有的门窗及其他附属结构，拆除建筑物全部腾空，拆除物及时外运，堆放在警戒线以外的安全区域。

（3）在拆除现场每个施工区域放置2台喷雾机，采用湿法作业，控制施工扬尘，砂石飞溅。

（4）拆除时采用先上后下、先非承重结构后承重结构，先板、梁后墙、柱的原则，本次拆除采用破坏法施工。使用液压钳和破碎机对建筑物解体。

（5）建筑物完全解体后，用挖掘机装车，自卸汽车运到垃圾破碎机处处理后外运。

（6）地上部分建筑物完全拆除后，拆除地下部分，破除混凝土地坪。

（7）施工前查看图纸，是否会碰到地下管线，遇到地下管线时，先与业主联系管线是否是废弃的，能否拆除，确定后确认切断水电后方可用冷法切割，明确管内无易燃、易爆物后，才可动火使用氧气乙炔焰切割。

（8）对不破除的地下室区域进行测量定位，与地下室连接的结构采用切割法。

（9）与地下室相关的框架柱拆除时，需注意拆除至地面以上原有施工缝部位，接缝处采用人工风镐破除，并随后进行凿毛修补恢复。严禁继续向下拆除破坏地下室结构。

（10）采取以下步骤拆除：

1）先行拆除踏步装饰面（大理石）。

2）采用钢管脚手架将端头部位（1.5m×10m）进行加固，间距500mm，步距1500mm，顶部采用顶托及方木顶住。为防止底部基础不平或拆除中不均匀变形，在钢管底部增加槽钢或50mm厚垫木。回顶立杆平面布置如图2-9所示，剖面回顶立面图如图2-10、图2-11所示。

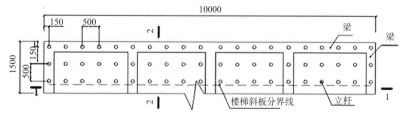

图2-9　回顶立杆平面布置图

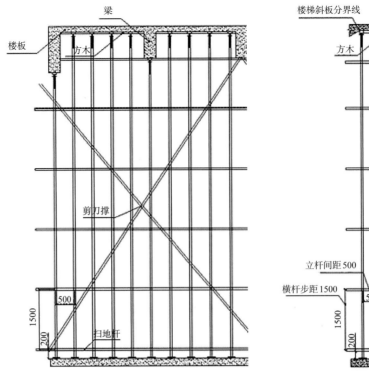

图2-10 剖面回顶立面图（1）　　　图2-11 剖面回顶立面图（2）

3）用400型长壁液压剪将台阶从一侧向另一侧逐根进行粉碎性拆除。支撑架上部的构件不进行破除，自支撑架边缘起逐步向辅助用房侧拆除。拆除方向及顺序如图2-12所示。

①用绳锯将节点1割开，将台阶一半剖开。

②使用液压剪将节点2、节点3台阶破除。为防止大台阶拆除过程中破碎物飞溅损坏体育场主体门窗，在拆除前采用围护对门窗进行覆盖防护。

③用绳锯将节点4割开，将台阶另一半剖开。采用50t吊车将两侧梁绑好后将端部（支撑架支撑范围内的梁板）吊至地面破除。

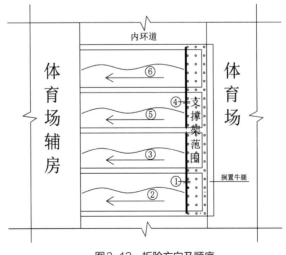

图2-12 拆除方向及顺序

④继续采用液压剪按节点5的顺序破除大台阶。破除完成后将端部吊至地面破除。

⑤全部破除完成后，拆除支撑架。拆除大台阶时配好喷雾机及洒水车，控制好扬尘。

2.3
体育场既有挑篷结构拆除关键技术

1.屋面挑篷拆除流程

安全准备措施→先拆除原屋面板，须对称施工→旧天沟拆除→废旧面板材料吊到地面切割→专车拉走处理。

2.安全准备措施

（1）利用主钢结构网架作为骨架吊点，吊置安全尼龙防护网，安全网应挂设严密，用塑料蔑绑扎牢固，不得漏眼绑扎，两网连接处应绑在同一杆件上，安全网必须符合《安全网》GB 5725—2009的规定，现场防护网设置如图2-13所示。

图2-13 现场防护网设置

（2）施工人员从北塔楼内电梯上屋面。根据现场要求一机一箱增加4个三级配电箱（箱内空开、漏保、五芯电缆线），灭火器8个。

（3）高空作业区下方，严禁堆放各种材料或其他杂物，设置安全隔离带，并放置安全警示。

（4）由于平台跨度大，施工前采用人工方式在马道间挂设安全网进行防护。

（5）高空作业人员须配备标准安全设备，设置高空防坠生命线，固定在钢结构上，施工人员作业时安全带时刻钩挂在安全绳上，架设通长的 ϕ8镀锌钢丝绳用于移动中钩挂安全带，钢丝绳固定在钢结构上，绳头部位不少于3个绳卡卡紧，尾部设置安全弯。

3.底板拆除

底板通过人工手工拆除，每根轴线之间利用拆除的底板铺设到行走通道，通道至少由6块底板重叠铺设而成。

拆除时要统一指挥,上下呼应动作协调,当解开与另一个人有关的连系杆件时,应先通知对方,以防坠落。

拆下的材料应用绳索拴住,利用吊车徐徐运至地面,严禁抛掷,运至地面的材料应按指定地点,随拆随运,分类堆放,当天拆当天清。

在拆除过程中,不得中途换人,如必须换人时,应将拆除情况交代清楚后方可离开。

4.屋面板拆除

利用前期安装准备好的安全措施,根据劳动力安排施工计划,安排工人上屋顶开始进行屋面板的拆除工作,使用各种器械先拆除原屋面板、阳光板及原有旧天沟,废旧面板及天沟废料使用吊车吊到地面上安排专业工人进行切割处理,打包放置,然后总包安排专车拉走,最后进行现场清洁工作。

5.天沟拆除

金属屋面内部小天沟随屋面板同时拆除,待屋面板拆除完毕后,拆除靠近外侧与混凝土屋面板相连处天沟,凿除靠近混凝土屋面侧的天沟折板上部的混凝土线条,将此大天沟整体拆除,拆除过程中要注意原混凝土面层的成品保护,禁止野蛮施工。

2.4
拆除物高效分类减碳资源化技术

按拆下来的建筑构件和材料的利用程度不同,分为毁坏性拆除和拆卸。本工程中大部分为毁坏性拆除,少部分为拆卸。对于不同程度的拆除物,进行了不同程度的复用。

对于毁坏性拆除的建筑构件和材料,项目现场会先进行严格的检查和评估。对于仍然具有较高利用价值的构件和材料会加以拆卸并进行适当的清洗和修复,以确保其可靠性和耐用性。这些被拆卸下来的构件和材料可以在其他项目中得到有效利用,减少了对自然资源的消耗和建筑垃圾的产生。此外,对于不能进行拆卸和修复的拆除物也会进行适当的分拣和处理,以最大限度地降低对环境的影响。

而对于拆卸的部分则更加注重其整体性和完整性的保留。通过谨慎地拆解和拆卸过程,尽可能减少损坏和破碎,以便后续使用或再利用。对于可以保持完好的拆卸构件和材料会进行特殊包装及储存,确保其品质得到有效保护。

同时,现场操作时也强调材料的再循环利用。通过合理的资源回收和再加工,可以将废弃的建筑材料转化为再生材料,如再生骨料等,用于新建筑项目中。这样不仅减少了对原始材料的需求,还有助于降低建筑业的环境影响,并推动了可持续发展的目标。

在整个拆除过程中,项目人员秉持环境保护和可持续利用的原则,尽可能减少对自然资源的消耗,并最大限度地提高建筑材料的利用率。通过综合考虑经济、环境和社会的因素,努力实现建筑拆除的可持续发展,为未来的建设项目提供更好的资源保障。

1.体育场屋面拆除利用

主体育场拆除建筑面积约13000m²。体育场屋面板拆除后用作现场临时加工棚、停车棚、防护棚、仓库等，临时设施如图2-14所示。

图2-14　拆除后屋面板用作临时设施

2.建筑垃圾处理方案对比

改造拆除施工中产生的建筑垃圾，主要为废砖、废砂浆、混凝土块占95%以上，以及装饰材料废弃物。项目处于城市中心位置，四周皆为城市交通主干道，临近校区、风景区、生活区、商业区等区域，建筑垃圾外运成本极高。

（1）垃圾外运方案（表2-1）

垃圾外运方案各项参数表　　　　　　　　　　　　　表2-1

各项参数	垃圾外运方案	现场处置方案
投入配置	建筑垃圾运输车若干辆+若干台挖掘机+若干台铲车+作业人员若干	移动反击式破碎站+移动筛分站+1台挖掘机+1台铲车+作业人员2名+300kW供电
成本	人工费+运输费（单程运距）+建筑垃圾处理费+机械费=160元/m³	粉碎机租赁费用约每月70万元（实际使用不到2个月，共130万元）
运输	项目地处市中心，运输成本极高；垃圾运转作业时间需根据城市规划进行	场地内运转，不受其他因素限制，可根据现场实际情况出发随时调整作业时间
噪声	建筑垃圾运输车行驶及建筑垃圾装车时产生的噪声	工作时，距设备50m外噪声不会超过70dB
产出	每小时向外运输约100t建筑垃圾	每小时将约120~200t建筑垃圾转化为成品料

（2）现场处置方案

现场处置方案各项参数：

成本：粉碎机租赁费用约每月70万元（实际使用不到2个月，共130万元）。

工作投入配置：移动反击式破碎站+移动筛分站+1台挖掘机+1台铲车+作业人员2名+300kW供电。

运输：场地内运转，不受其他因素限制，可根据现场实际情况出发随时调整作业时间。

噪声：移动反击式破碎站、移动筛分站两台设备均属于技术成熟的现代化产品。工作时，距设备50m外噪声不会超过70dB。

产出：每小时将约120～200t建筑垃圾转化为成品料。

经方案对比可知，现场处置方案更适合本项目应用。

3.建筑垃圾破损实施

现场破碎建筑垃圾约13000m^2，采用移动反击式破碎站，对建筑垃圾进行破碎循环利用，产生的再生利用建筑材料26000t。通过对改造过程中产生的建筑垃圾采用多级破碎，并基于振动筛分、磁选等AI智能筛分单元，分选出各种可回收物，并产生不同规格的骨料，将无害化处置率提升至100%，综合资源化利用率提升至98%。粉碎机构件组成如图2-15所示，移动反击式破碎站如图2-16所示。

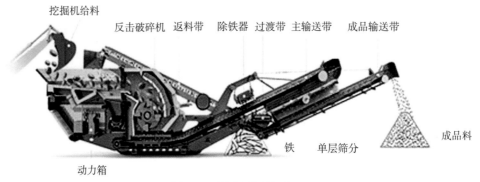

图2-15 粉碎机构件组成

通过破碎机产生的各类再生成品料，可根据不同粒径直接再利用（图2-17），投入施工生产过程中去。

（1）0～5mm粒径：可做干混砂浆、抹灰砂浆原料，水稳层掺合料；

（2）5～10mm粒径：可直接送至混凝土搅拌站作为二次结构商品混凝土的原料使用，混凝土免烧砖原料；

（3）10～30mm、30～50mm粒径：可做道路水稳层，污水净化池过滤材料，原材料为高强度等级混凝土破碎后经检验合格后可作为商品混凝土原料使用；

（4）50～100mm粒径：若不循环劈碎这一规格石子可做道路路基垫层AB料，污水净化池过滤材料；

（5）废铁等金属：自动分拣夹杂在建筑垃圾内的废铁等杂物。

图2-16　移动反击式破碎站

成品料 0～5mm　　成品料 5～10mm　　成品料 10～30mm　　成品料 30～50mm　　成品料 50～100mm

图2-17　不同粒径再生成品料

　　在建筑改造过程中，产生了大量的建筑垃圾。为了实现可持续发展和环境保护，可采用多级破碎技术来处理这些建筑垃圾。首先，建筑垃圾会被送入破碎机进行初级破碎，将其打碎成较小的块状物。随后，这些碎片会通过输送带或斗车送入再破碎机进行进一步的破碎。再破碎后的碎片更加细小，使得后续的筛分工作更容易进行。接下来，可以使用AI智能振动筛分单元，将破碎后的建筑垃圾进行筛分。振动筛分可将建筑垃圾按照不同的大小进行分离，将其中较大的碎片保留下来。同时，还可以引入AI智能磁选技术，通过磁铁将其中的铁质材料分离出来，这些铁质材料可以被回收利用。经过筛分和磁选后，可以将剩余的建筑垃圾进行进一步的处理。其中较小的碎片可以作为骨料使用，用于道路建设、建筑材料等。这些骨料可以根据需要进行不同规格的划分和分类，增加其利用价值。

　　通过以上的改造过程，有效实现了对建筑垃圾的处理和回收利用，同时减少了对环境的负面影响，推动了可持续发展。

2.5
本章小结

　　由于项目地理位置、成本控制、绿色施工、建筑垃圾种类单一等原因，项目采用破碎机方案对建筑垃圾进行转换再利用，解决了建筑垃圾处置筛分工艺不稳定、再生骨料纯度低、资源化率低等问题，达到"建筑废弃物100%绿色处理"的目标，实现了建筑垃圾高值材料化应用，推动建筑垃圾高效分类减碳资源化技术的发展。坚持源头减量化、资源化、无害化处置，促进建筑垃圾资源化产业技术推广应用，助力"无废城市"建设高质量发展。

大型体育场馆
有机更新技术创新

第 **3** 章

建筑微创
修复关键
技术

3.1
微创修复工程简介

　　黄龙体育中心主体育场结构改造内容涉及：拆除重建场馆外与主体结构设缝脱开的环形配套用房；重新分割场馆内部分空间，增设设备管井，局部增设和加固楼梯电梯；屋顶钢结构的检测评估和修复；斜拉索的检测和修复。体育场主体结构平面呈圆形，采用框架-剪力墙结构，直径为245.5m，北和南两座塔吊为核心筒结构，高度均为88.5m。钢屋盖的外环平面为圆形，周长为781m；内环平面为椭圆形，周长为572m。

　　屋盖东西向中心轴线最高处标高为39.000m，最低处标高为31.800m。斜拉索一端锚固于塔吊中，另一端锚固于内环钢箱梁中。北和南两座塔吊均由东西两肢组成，每肢塔吊上布置有9束钢索，四肢塔吊共36束斜拉索。网架为正放四角锥形式的焊接球节点网架，网架杆件和焊接球选用Q235B钢材。钢屋盖的受力体系由斜拉索、外环混凝土箱梁、内环钢箱梁和两侧的塔吊共同组成。

　　改造前实景如图3-1所示，平面、剖面图如图3-2所示。

图3-1　黄龙体育中心体育场改造前实景

大型体育场馆
有机更新技术创新

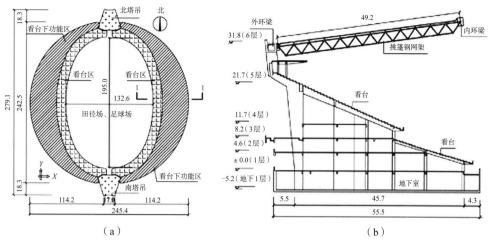

图3-2 黄龙体育中心主体育场平面图和剖面图
（a）平面图；（b）1-1剖面图

3.2
大型复杂结构施工安全性监测技术

1.监测的整体步骤

本次体育馆部分的检测采取以下三大步骤：

（1）搜集和熟悉体育馆的技术档案

应尽量将有关资料搜集齐全，有利于研究分析问题，有利于作出科学的恰如其分的评估，否则会给评估工作带来困难。

（2）在工程现场针对屋盖网架、环梁、支座、下部混凝土梁柱等进行结构性能抽检。

（3）体育馆结构技术状况评估。

2.监测方案

监测工作主要集中在主体育场挑篷结构在改造施工过程中较为关键的受力和变形部位，受力部位主要包括内环梁和斜拉索，变形主要是屋盖挠度和塔吊的沉降，以及塔吊的垂直度变化。

（1）监测技术

选用振弦式应变传感器进行结构的应力测试，该应变计不仅能测量结构的应变，还可以监测测点温度，采用全站仪对屋盖挠度和北和南塔吊的沉降及垂直度进行监测，操作简单且可避免读数误差，采用频率法对所有斜拉索进行索力实测，选用DH5906无线遥测振动（索力）测试分析系统，对斜拉索施加激励使其产生振动，分析得到斜拉索振动基频，结合斜拉索自身材料与几何参数计算实测索力。

（2）测点布置

应力监测对象主要是内环梁，对其端部、跨中、1/4跨、3/4跨处等位置的应力与温度进行监测，测点编号见表3-1，测点布置如图3-3所示。

内环梁应力和温度测点编号 表3-1

测点位置	测点编号
西区北端	NW9-10-D/U/DK/UK
西北区 1/4 跨	NW5-6-D/U/DK/UK
西区北中部	NWO-1-D/U/DK/UK
西区南中部	SWO-1-D/U/DK/UK
西南区 3/4 跨	SW5-6-D/U/DK/UK
西区南端	SW9-10-D/U/DK/UK
东区北端	NE9-10-D/U/DK/UK
东北区 1/4 跨	NE5-6-D/U/DK/UK
东区北中部	NE0-1-D/U/DK/UK
东区南中部	SE0-1-D/U/DK/UK
东南区 3/4 跨	SE5-6-D/U/DK/UK
东区南端	SE9-10-D/U/DK/UK

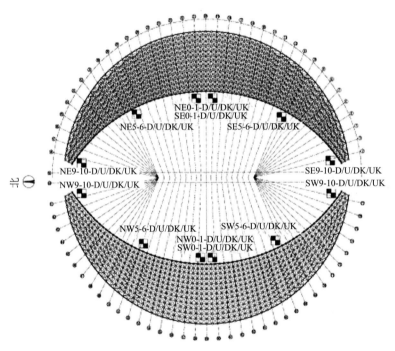

图3-3 内环梁应力和温度测点布置图

东西区各1根内环梁，每根内环梁分2段，每段再具体分为10段，另加1段中间嵌补段（跨中嵌补段编号为0，跨中第2段向端部依次编号为1～10号）。其中，NW、SW、NE、SE分别表示西北、西南、东北、东南区，D、U、DK、UK分别表示底部、顶部、底部跨焊缝处、顶部跨焊缝处，如NW-9-10-D表示测点位于西区北端9号和10号分段连接处底部夹板位置。

变形监测主要针对屋盖挠度和北和南塔吊的沉降及垂直度，屋盖挠度主要是内、外环梁檐口部位的挠度值，测点编号见表3-2、表3-3。垂直度测点布置在北和南塔吊上中下部位，测点布置如图3-4、图3-5所示。其中，NHL、WHL分别表示内、外环梁，NT、ST分别表示北塔、南塔。如 NHL-NW1 表示测点位于内环梁西北区1号斜拉索端部处，WHL-SE1表示测点位于外环梁东南区2号轴线处，NT-SW表示测点位于北塔西北点处。

屋盖挠度测点编号　　　　　　　　　　　表3-2

测点位置		测点编号
内环梁	西北区	NHL-NW1/3/5/7/9
	西南区	NHL-SW1/3/5/7/9
	东北区	NHL-NE1/3/5/7/9
	东南区	NHL-SE1/3/5/7/9
外环梁	东南区	WHL-SE2/6/10/14/18
	东北区	WHL-NE23/26/30/34/38
	西南区	WHL-SW61/65/69/73/77
	西北区	WHL-NW41/45/49/53/57

塔吊沉降测点编号　　　　　　　　　　　表3-3

测点位置	测点编号
北塔	NT-NW/SW/NE/SE
南塔	ST-NW/SW/NE/SE

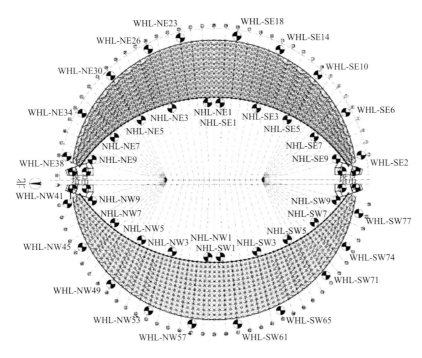

图3-4　屋盖挠度及塔吊沉降测点布置图

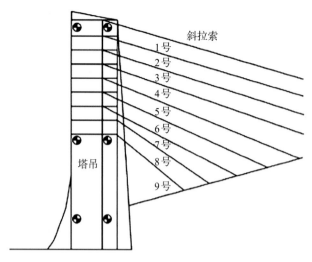

图3-5 塔吊垂直度测点布置图

索力监测采用DH5906无线遥测振动（索力）测试分析系统，对西北、西南、东北、东南4个区域共36根斜拉索进行施工关键环节的索力监测，测点编号见表3-4，其中，LS表示斜拉索，如LS-NW-1表示测点位于西北区1号斜拉索。

索力测点编号列表 表3-4

测点位置	测点编号
西北区	LS-NW-1/2/3/4/5/6/7/8/9
西南区	LS-SW-1/2/3/4/5/6/7/8/9
东北区	LS-NE-1/2/3/4/5/6/7/8/9
东南区	LS-SE-1/2/3/4/5/6/7/8/9

3.监测结果与分析

2020年5～11月期间，挑篷结构在原屋面系统拆除前到新屋面系统安装后关键部位的应力及变形情况，在此阶段内，应力与温度监测（数据采集频率）为每半小时采集一次数据，变形监测每一个月测量一次，索力共采集3次数据，分别在原屋面系统拆除前、拆除后、新屋面系统安装后进行。

（1）应力分析

取各测点位置的应力和温度数据形成监测周期内的全过程应力温度曲线，受温度影响，夜间和日间的规律有差异，因此分别形成日间和夜间全过程应力温度曲线。取0:00数据作为夜间全过程应力温度曲线，12:00数据作为日间全过程应力温度曲线，部分典型测点数据如图3-6和图3-7所示。可以看出，在旧屋面拆除到新屋面安装期间，由于屋面荷载变化较小，各测点应力变化受施工影响相对较小，而与温度变化呈较明显的正相关或负相关；应力变化曲线在夜间均匀温度场下较为平稳，在日间不均匀温度场下波动较大。

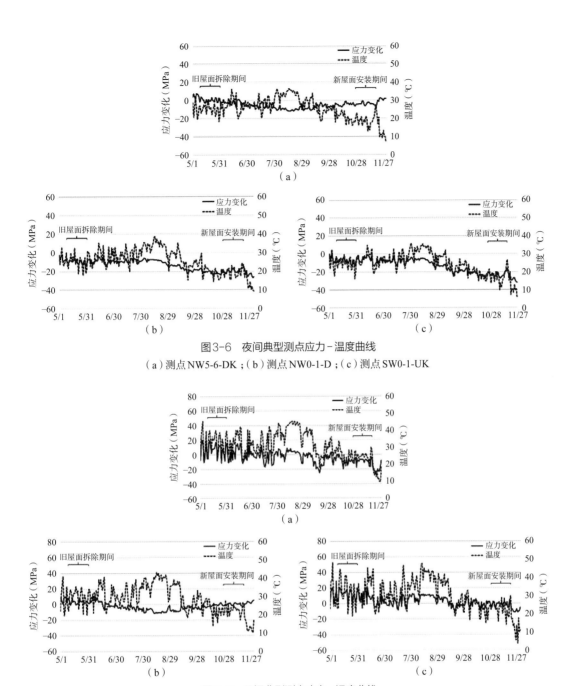

图3-6 夜间典型测点应力-温度曲线
（a）测点NW5-6-DK；（b）测点NW0-1-D；（c）测点SW0-1-UK

图3-7 日间典型测点应力-温度曲线
（a）测点NW9-10-UK；（b）测点NW5-6-DK；（c）测点SW9-10-UK

（2）变形分析

1）屋盖挠度分析

图3-8、图3-9所示为屋盖挠度变化曲线，每个区选取6个测点，均以5月1日为初始状态，正值表示向上，根据结果分析可得，外环梁由于固支在下部混凝土框架看台上，挠度受温度和施工影响较小，无明显波动。而内环梁作为网架的支承构件，同时又是斜拉索锚固节点所在处，受力较为复杂，因此挠度受温度及施工影响较大，变化也较为明显。在新屋面安装前主要受温度影响，挠度变化与温度变化大致呈负相关；在新屋面安装后，由于屋面荷载增大，挠度向下增长。

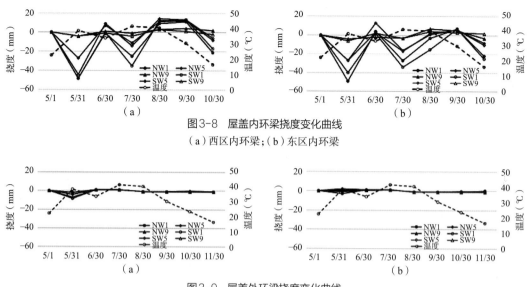

图3-8　屋盖内环梁挠度变化曲线
（a）西区内环梁；（b）东区内环梁

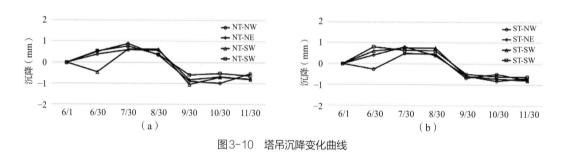

图3-9　屋盖外环梁挠度变化曲线
（a）西区外环梁；（b）东区外环梁

2）塔吊沉降分析

图3-10所示为北和南塔吊沉降变化曲线，以6月1日为初始状态，负值表示向下沉降。可以看出，在改造施工过程中，塔吊沉降受施工影响较小，无明显变化。

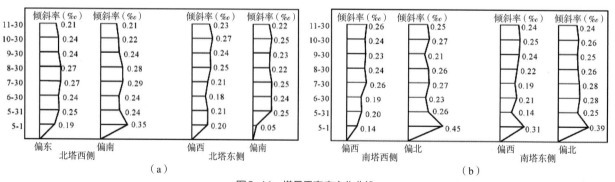

图3-10　塔吊沉降变化曲线
（a）北塔；（b）南塔

3）塔吊垂直度分析

垂直度针对北和南塔吊东西侧的倾斜率进行测量，图3-11所示为北和南塔吊垂直度变化曲线。可以看出，在改造施工过程中塔吊倾斜率较小，施工过程对塔吊垂直度影响不大。

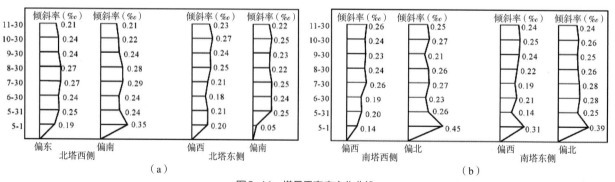

图3-11　塔吊垂直度变化曲线
（a）北塔；（b）南塔

（3）锁力分析

每根斜拉索均采用 ϕ 15.24规格的钢绞线，斜拉索几何和材料参数见表3-5。对4个区域的36根斜拉索，分别在挑篷结构原有屋面系统拆除前、拆除后和新屋面系统安装后各进行一次索力实测，并将每次的实测索力值与理论值进行对照，如图3-12～图3-15所示。

斜拉索几何和材料参数
表3-5

索号	索长（m）	规格（根）	弹性模量（GPa）	质量密度（kg/m）
1	142.99	4	200	62.017
2	129.641	4	200	62.026
3	115.944	3	200	39.350
4	102.361	3	200	39.44
5	89.963	2	200	21.866
6	76.056	12	200	15.165
7	63.894	7	200	9.681
8	41.829	7	200	9.692
9	32.007	7	200	9.713

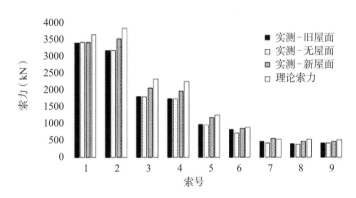

图3-12　NW区实测索力与理论索力对比

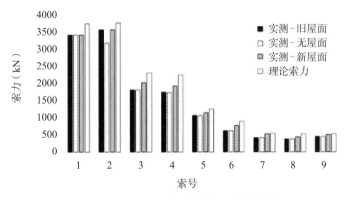

图3-13　SW区实测索力与理论索力对比

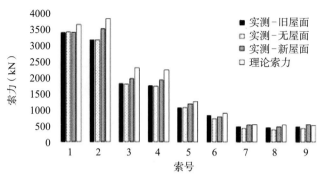

图3-14　NE区实测索力与理论索力对比

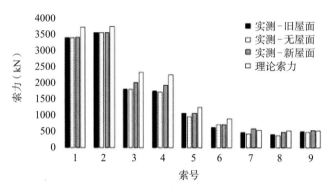

图3-15　SE区实测索力与理论索力对比

根据实测索力与理论张拉索力值对比可以看出，对于服役多年的体育场斜拉索，会存在一定的预应力损失。同时，索力受温度及施工荷载影响，在新屋面安装后，屋面荷载增大及季节降温导致斜拉索收缩，实测索力有所增长。

4.小结

本文基于服役20年的黄龙体育中心主体育场既有挑篷结构，通过对改造施工过程中结构关键部位的应力、变形进行监测与分析，得出以下结论：

（1）与通常的新结构施工不同，改造施工并非结构从无到有、逐渐成形的过程，而主要是对现役结构荷载工况、支承条件、自身构件等的局部改变，因此，在既有结构的改造施工过程中，应该设计合理的监测系统及时监测结构关键部位的应力、变形情况。

（2）在旧屋面系统拆除到新屋面系统安装过程中，荷载变化较小，因此屋盖挠度、塔吊沉降及垂直度变化受施工影响较小，关键构件应力变化主要与温度呈较明显的正相关或负相关。

（3）拉索作为斜拉网壳结构主要受力构件，索力大小对结构的受力性能影响重大。对于服役多年的体育场斜拉索，会存在一定的预应力损失，因此应在施工及运营过程中及时进行索力实测，防止索力较小时出现松弛现象。

3.3
大跨度钢结构斜拉索体系维护技术

　　杭州黄龙体育场主体结构平面投影呈圆形，直径250.5m，北和南两座塔吊高度均为88.5m。看台部分梁柱及外环梁设有预应力筋，塔吊外侧墙体内设有竖向预应力筋。看台挑篷的受力体系由塔吊、斜拉索、内环钢箱梁、外环混凝土箱梁、网壳和稳定索组成。

　　斜拉索一端锚固于塔吊中，另一端锚固于内环钢箱梁中。体育场斜拉索修复后如图3-16所示。结构布置图及斜拉索编号分布如图3-17所示。

图3-16　体育场斜拉索修复后实景图

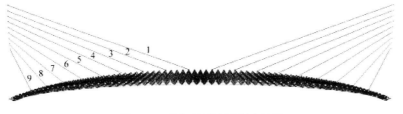

图3-17　结构布置图及斜拉索编号

　　由于结构受长期服役过程中的温度效应、风致振动等荷载作用，斜拉索可能会出现索力松弛的情况，其实际受力状态与进行理论分析的设计状态存在偏差，因此需要对36根斜拉索进行定期监测，并根据实测斜拉索对结构进行受力分析。

　　1.斜拉索索力检测

　　主体育场结构使用年限已近20年，作为重要受力构件的斜拉索因温度变化等各种环境因素产生了索力损失，对屋顶钢结构的内力分布有影响，需要重新分析结构变形和杆件应力状态。斜拉索由平行钢绞线束、QMS型体系锚具、HKPE防护系统、减振装置和密封装置等组成。斜拉索外径为225mm、180mm、140mm、110mm。钢绞线束采用Φ15.24钢绞线体系，其抗拉强度标准值为1860N/mm^2。36根斜拉索分为对称的四个区，每个区的斜拉索分别编号1~9号，1号、2号斜拉索由49根钢绞线束组成，3号、4号斜拉索由31根钢绞线束组成，5号斜拉索由17根钢绞线束组成，6号斜拉索由12根钢绞线束组成，7~9号斜拉索由7根钢绞线束组成。

图3-18　DH5906无线遥测振动（索力）测试系统

斜拉索索力测定方法目前有油压表读数法、压力传感器测试法、频率振动法、光纤光栅应变式测量法等，其中油压表读数法、压力传感器测试法、光纤光栅应变式测量法很难对已经完工的索进行测量，因此本项目采用频率振动法测定斜拉索索力。无线遥测振动（索力）测试系统如图3-18所示。

（1）频率振动法基本原理

给斜拉索需要测定索力的位置安装加速度传感器，在环境激励下利用加速度传感器拾取斜拉索的随机振动信号，通过频域分析获取斜拉索的频谱图，识别出斜拉索的各阶振动固有频率，最后根据其固有频率f_n、边界条件、刚度等参数来计算索力。

将斜拉索模拟为在平面内振动的弦，利用弦振动理论对斜拉索索力与振动频率间的关系进行分析。假定索的两端是铰支的，则索力T的计算公式为：

$$T = \frac{4WL^2}{n^2 g} f_n^2 - \frac{n^2 EI\pi^2}{L^2} \qquad （3\text{-}1）$$

式中　EI——索的抗弯刚度；

　　　g——重力加速度；

　　　n——索的针对阶数；

　　　W——单位索长所受到的重力荷载；

　　　L——索长。

（2）索力检测

为保证索力测试的效果，本次测量选择在晴朗无风的时候进行。充分根据四组斜拉索的对称性和每组斜拉索的索力比例关系，对实测索力进行综合分析评定。采用DH5906

无线遥测振动（索力）测试分析系统进行屋盖结构斜拉索索力测试，基于频率法，在每根斜拉索上布置加速度传感器，组建动力测试系统。斜拉索索力现场测试如图3-19所示。

图3-19　索力现场测试图

对屋盖结构36根斜拉索索力进行检测，斜拉索编号如图3-20所示，实测索力见表3-6。斜拉索的索力测试结果与理论索力对比如图3-21所示。由表3-6可知，实测斜拉索索力比理论值稍低，均存在预应力损失情况，但大多数索力与理论值偏差在17%以内，仅3号、4号斜拉索与理论值偏差稍大，偏差的幅度约为22%，但所有斜拉索均未出现几何松弛现象。经检查，斜拉索索体本身无明显的损伤和锈蚀，锚头状态良好。

采用Ansys软件建立空间有限元模型，通过定义初始应变施加预应力。相关荷载取值如下：恒荷载标准值W_D总计0.62kN/m²（网壳自重0.45kN/m²，灯及马道自重0.05kN/m²，屋面板自重0.12kN/m²）；活荷载标准值W_L，取0.5kN/m²。分析时考虑满跨、半跨两种布置方式：

工况1：$1.0W_D+1.0W_L$（满跨）；

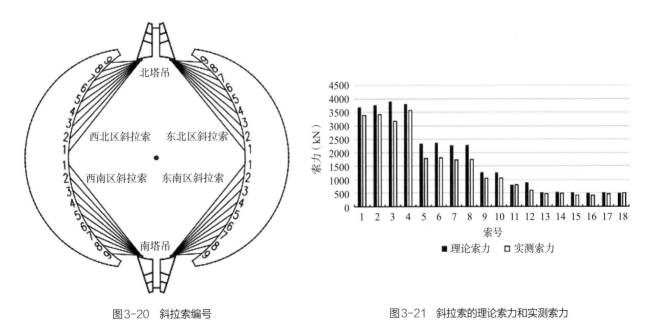

图3-20　斜拉索编号　　　　　　　　　　图3-21　斜拉索的理论索力和实测索力

工况2：$1.0W_D+1.0W_L$（半跨）。

首先根据实测索力采用张力补偿法对结构进行有限元模型修正，迭代过程如图3-22所示。由图可知，随着循环次数增加，斜拉索的计算索力向目标索力逼近，在第6次循环计算结束时，各组索力趋于稳定，且误差控制在0.05%以内，满足精度要求。

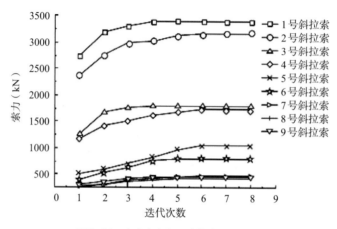

图3-22　索内力在循环计算中的变化

受当天天气、风速、附近道路通行汽车振动等环境影响，测出的频率本身会有一定的允许误差，因而频率振动法测出的索力仅用来大体评估斜拉索的实际工作状态。根据同一侧屋盖对称位置测出的索力差异大小，可以判断出结构是否处于正常受力状态。由表3-6可知，同一侧屋盖南北对称位置索力偏差大部分在5%以内，判断结构处于正常受力状态。斜拉索检测委托浙江大学土木工程测试中心检测（图3-23）。

索力实测数据　　　　　　　　　　　　　　　　表3-6

斜拉索分区及编号		理论索力 T（kN）	实测索力 T'（kN）	偏差（%）
西北区斜拉索	1号	3645	3405	−6.6
	2号	3839	3169	−17.4
	3号	2307	1807	−21.7
	4号	2238	1747	−21.9
	5号	1260	1068	−15.3
	6号	893	825	−7.6
	7号	547	477	−12.8
	8号	529	442	−16.5
	9号	525	480	−8.6
西南区斜拉索	1号	3731	3405	−8.7
	2号	3750	3363	−10.3
	3号	2307	1807	−21.7
	4号	2238	1747	−21.9
	5号	1253	1068	−14.8
	6号	892	795	−10.9

斜拉索分区及编号		理论索力 T（kN）	实测索力 T'（kN）	偏差（%）
西南区斜拉索	7号	546	471	-13.7
	8号	529	446	-15.7
	9号	525	471	-10.2

图3-23　斜拉索检测报告

2.斜拉索稳定性分析

基于实测索力对模型进行预应力修正之后，进一步对该结构进行稳定性分析。

（1）特征值屈曲分析

特征值屈曲分析以结构最初形态建立刚度矩阵，以线弹性和小变形为基本假设，分析过程中不考虑结构形态变化。在这些条件下求解得到结构的弹性屈曲临界荷载和屈曲模态，虽然仅反映加载最初阶段结构的变形趋势，但能在一定程度上反映结构稳定性，可为进一步的非线性屈曲分析提供参考依据。Ansys的特征值屈曲分析主要是分析结构的屈曲模态以及对应的临界荷载系数。结构在一定的变形状态下的静力平衡方程为：

$$([K]+\lambda[K_{\mathrm{G}}])_{|\phi|}=0 \tag{3-2}$$

式中　$[K]$——结构的弹性刚度矩阵；

　　　$[K_{\mathrm{G}}]$——结构的几何刚度矩阵；

　　　$\{\phi\}$——特征值向量；

　　　λ——特征值结构的特征值。

屈曲分析考虑了工况1和工况2两种荷载组合，第一阶屈曲模态如图3-24所示。

（2）非线性分析

特征值屈曲分析仅能反映结构在线性条件下的稳定性能，而实际工程在施工及运营过程中，由于结构构件制作安装误差、加载位置偏差、材料缺陷、焊接应力等结构初始缺陷，不能排除网壳结构的部分杆件在结构达到临界点以前已经进入了弹塑性状态。因此，有必要对结构进行非线性分析，来获取结构的非线性稳定承载力。目前非线性求解

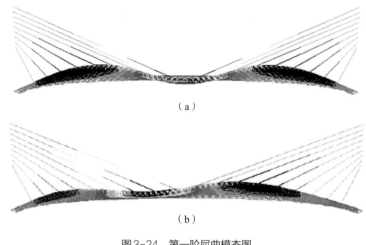

（a）

（b）

图3-24　第一阶屈曲模态图
（a）工况1；（b）工况2

方法包括Newton-Raphson法、弧长法和位移控制法等。本工程通过弧长法对结构进行非线性稳定性分析，初始缺陷幅值取跨度的1/300。

在两种工况下分别求解基于理论索力和实测索力模型的几何非线性稳定性及材料几何双重非线性稳定性，分析结果如图3-25、图3-26所示。

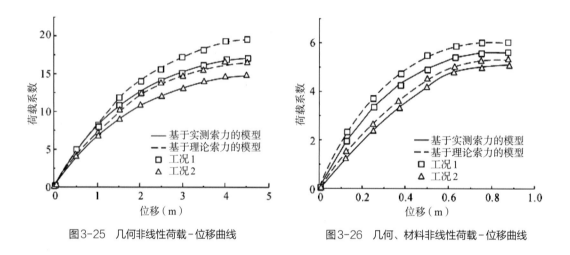

图3-25　几何非线性荷载-位移曲线

图3-26　几何、材料非线性荷载-位移曲线

从图3-25可以看出，仅考虑几何非线性的情况，基于实测索力的模型在满跨活荷载及半跨活荷载作用下的稳定性系数分别为16和13；基于理论索力的模型在满跨活荷载及半跨活荷载作用下的稳定性系数分别为18和15。可以发现：1）由于结构在施工中可能产生的初始缺陷及在服役过程中斜拉索松弛而导致斜拉索预应力降低，结构的稳定性有所下降；2）半跨活荷载布置下的结构稳定性系数较满跨活荷载布置时低，说明结构对半跨活荷载布置较为敏感。

从图3-26可以看出，在进一步考虑了材料非线性后，基于实测索力的模型在满跨活荷载及半跨活荷载作用下的稳定性系数分别为5.4和4.8；基于理论索力的模型在满跨活荷载及半跨活荷载作用下的稳定性系数分别为5.8和5.0。根据规范规定失稳荷载大于容许承载力（标准值）的2.0倍，可认为结构整体非线性稳定性满足规范要求。

（3）斜拉索索力对稳定性影响分析

在运营及施工期间斜拉索会因施工误差或腐蚀等原因出现实际索力与设计索力偏差的情况，所以进一步考虑了斜拉索的整体松弛及不同位置斜拉索松弛对使用阶段结构几何、材料非线性稳定性的影响。

1）斜拉索整体松弛对稳定性影响分析

分别按照1.0、0.8、0.6、0.4、0.2倍及完全松弛的情况调整斜拉索的初应变，其中，斜拉索完全松弛时，斜拉索的初应变值为0。考察工况1及工况2作用下不同程度索力松弛对结构稳定性的影响，结果如图3-27和图3-28所示。

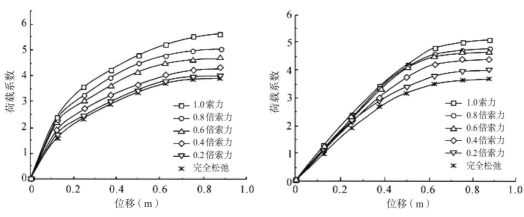

图3-27　工况1不同索力的荷载－位移曲线　　　图3-28　工况2不同索力的荷载－位移曲线

由图3-27、图3-28可知，两种工况作用下结构的荷载系数随着索力的减小而明显下降。在工况1作用下，当斜拉索完全松弛时，结构的稳定性下降31%。在工况2的作用下，当斜拉索完全松弛时，结构的稳定性下降34%。这说明该结构稳定性对索力较为敏感。

2）斜拉索单根松弛对稳定性影响分析

为了进一步研究索力对结构稳定性的影响，在工况1及工况2作用下，分别释放结构左半跨的索力，斜拉索对应的编号图如图3-17所示。探究不同位置斜拉索对结构稳定性的影响，其结果如图3-29和图3-30所示。

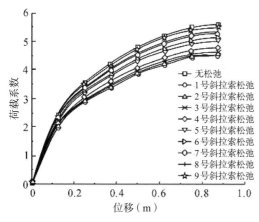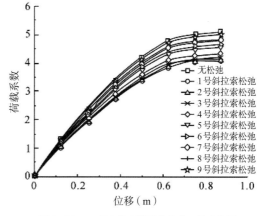

图3-29　工况1单索松弛的荷载－位移曲线　　　图3-30　工况2单索松弛的荷载－位移曲线

由图3-29、图3-30可知，不同位置斜拉索松弛对结构的稳定性影响不同，内侧斜拉索的预应力损失对结构稳定性的影响最大。在工况1作用下，1号斜拉索松弛，结构的荷载稳定性系数下降18.2%；在工况2作用下，1号斜拉索松弛，结构的荷载稳定性系数下降21.8%。

采用频率振动法实测索力，测量结果显示斜拉索的索力均存在一定程度的损失。根据实测索力分析表明，目前的索力损失对整体结构的安全影响较小，不需要处理。

3.斜拉索维护

（1）斜拉索锚头检查与修复

拆开索在塔楼端的保护罩观察，锚头原防腐油脂饱满、油脂部分变白出现轻微乳化现象；清理完成后发现钢绞线夹持锚固平整牢靠，无滑丝断丝、松脱现象，钢绞线无锈蚀。将主索锚具内防腐油脂更换为白蜡，提高耐久性（图3-31）。

（a）　　　　　　　　　　　　　（b）

图3-31　东北区6号斜拉索塔端
（a）清理油脂、除锈前；（b）清理油脂、除锈后

（2）斜拉索涂装换新

由于斜拉索长期暴露于自然环境中，极易遭受环境腐蚀，特别是大气中的SO_4^{2-}、CO_2、Cl^-等腐蚀性物质。针对斜拉索护套刮伤、孔洞等损伤，先将损伤处PE剥除，将相同PE母材填充在斜拉索破损处，采用加热套管对PE原料热熔补充在损坏的斜拉索破损位置处，冷却后用磨光机对修补处打磨光滑。

（3）斜拉索锚固区维护

梁端索导管口维护作业需在内环梁顶面设置施工平台（图3-32），采用3m长10号槽钢穿螺栓连接以"井"字方式扣接抱住内环梁，与内环梁可靠连接成整体，槽钢上面焊钢筋再插脚手管立杆，纵横向用脚手管钢管扣接成整体，施工平台宽度为4m，顺环梁方向以纵向间距0.7m设置，在1号斜拉索至9号斜拉索通长布置，可兼做施工通道，满足人员通行及物料搬运。

针对防水罩密封装置失效检测情况，清理索导管内积水及变质油脂并干燥、索导管内钢构件表面喷涂阻蚀密封蜡3mm厚、更换桥面防水罩的防水密封装置以及对防

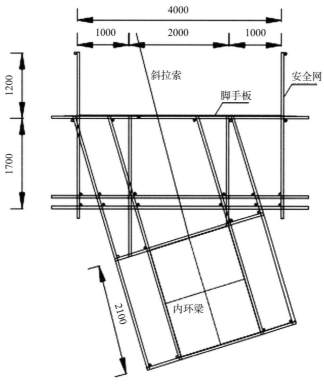

图3-32　梁顶面施工平台布置图（mm）

水罩除锈和防腐。同时对布设的监测传感器和线缆位置标记并设置警示带，避免损坏监测设施。

主要工序：

1）拧松两半式防水罩螺栓，打开两半式防水罩，检查两半式防水罩锈蚀状况、索导管口减振装置橡胶老化及工作状况、索导管内是否有积水状况以及油脂变质状况。

2）针对两半式防水罩轻微锈蚀，用砂纸或钢丝刷局部打磨除锈，除锈等级为Sa1级（技术标准：工件表面应不可见油污、油脂、残留氧化皮、锈斑和残留油漆等污物），直至露出金属基面，重新涂刷专用防锈漆防腐体系（水性无机富锌底漆40μm，环氧云铁中间漆40μm，聚氨酯面漆50μm，总漆膜厚度不得小于130μm）。

针对索导管口减振装置橡胶老化及不能正常工作，重新更换减振橡胶。

针对索导管内有积水以及油脂变质，用专用抽水机将积水及变质油脂抽出，收集至专用油桶，用干净纱布将索导管内变质油脂擦拭干净，并用热风机将索导管内吹干燥，用专用喷涂设备将阻蚀密封蜡加热至液态喷涂至索导管内壁及绞线斜拉索外表面，冷却后阻蚀密封蜡防腐厚度不小于3mm，喷涂过程通过阻蚀密封蜡喷涂用量校核。

3）重新安装两半式防水罩，在PE管与防水罩上端结合处安装橡胶垫，防水罩扣合面结合缝安装橡胶垫，紧固螺栓。在PE管与防水罩上端结合处、下端结合处以及防水罩扣合面结合缝用硫化密封胶封口，保证间隙部位良好的密封性。形成第一道密封防水防线。

4）设置在防水罩与PE间连接部位缠包2层HWT热收缩缠包带，确保每层缠包长度范围不小于50cm，形成第二道密封防水防线。

在斜拉索缠绕一层热缩带，热缩带的宽度200mm，厚度为2mm。热缩带缠绕好后随即用喷枪加热，使之与斜拉索紧密贴紧。

热缩带缠绕应保持一定的张力，使其有轻微的伸张，相邻的缠绕叠层取50%，若选取宽200mm的热缩带其叠层宽度为100mm。

5）最后缠包PVF带表面封闭，形成第三道密封防水防线（图3-33）。

图3-33 斜拉索缠包PVF带

验收要求：

1）结合缝处密封材料固化后外观饱满无气泡、无空隙、无开裂。

2）缠包热缩带叠层50%满足要求，无褶皱，与护套及防水罩搭接长度满足要求。

3）缠包PVF带叠层50%满足要求，无褶皱。

梁面防水罩密封装置主要由防水罩、遇水膨胀橡胶、热收缩缠包带、聚硫密封剂组成（图3-34）。

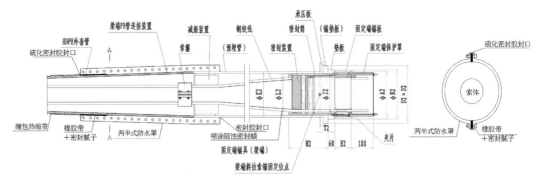

图3-34 防水密封处置示意图

遇水膨胀橡胶具有优良的回弹性、延伸性，密封止水和遇水膨胀的功能。具有如下特点：

1）有优良的弹性、延伸性和膨胀止水性能，在水中的膨胀率能在40%～250%之间调节，膨胀体保持橡胶的弹性和延伸性，膨胀率不受水质的影响。

大型体育场馆
有机更新技术创新

2）耐水性、耐化学介质性、耐久性优良，不含有害物质，无溶胀析出物，不污染环境。

3）在较宽的温度范围内，均可发挥优良的止水性能，耐候性优良。

热收缩缠包带采用优质聚乙烯树脂为主要原材料，经成型、电子辐射交联及扩张等加工处理，具有较高的机械性能和很好的抗紫外线、耐气候老化等能力，配以高性能的热熔胶，能有效地防止水分和潮气或其他腐蚀性介质侵入安装好的热缩套管内部。其主要技术参数见表3-7。

热收缩缠包带技术参数 表3-7

序号	项目	指标	典型值
A	基材性能		
1	抗张强度	15MPa	18.9MPa
2	介电强度	121kV/mm	21kV/mm
3	耐环境应力开裂	不开裂	不开裂
4	耐紫外线碳墨含量	2%	72%
B	热熔胶性能		
1	PE/PE	120N/25mm	350N/25mm
2	PE/钢	100N/25mm	270N/25mm
3	软化点	80℃	89℃
4	吸水率	1%MAX	0.5%

聚硫密封剂是采用液态聚硫橡胶为基材配制而成的双组分硫化型密封剂。由于其分子结构中含有特殊的补强剂和憎水助剂，因而具有极高的粘贴稳定性能，优异的耐水、耐油和耐大气老化的性能。使用的温度范围为−55～120℃，可用于该温度区域内的金属结构及复合材料结构的气密、水密等部位的密封。其主要技术特性见表3-8、表3-9。

聚硫密封剂主要物理化学性能 表3-8

项目	指标
外观	基膏为白色黏稠体，硫化膏为黑色膏状物，混合均匀后呈灰色、黑色
密度（g/cm³）	不大于1.65
固体含量（%）	按体积或重量计不小于99
挥发分含量（%）	不大于3
理论覆盖率（kg/cm²）	当$\delta=1mm$时，$s=1.6kg/cm^2$
使用期（活性期）(h)	在0.5～0.8内可调
干燥时间（不粘期）(h)	不大于8～24
黏度（Pa/s）	400～1200
流淌性（mm）	不大于10
硫化期（h）	24～48
腐蚀性	将金属试样全浸入3%的NaCl盐水中（60℃/20d），金属表面不腐蚀，密封剂不变质
储存期	9个月

聚硫密封剂主要力学性能 表3-9

拉伸性能	常温下	拉伸强度（MPa）	不小于2.5
		扯断伸长率（%）	不小于250
	120℃/7d老化后	拉伸强度（MPa）	不小于2.0
		扯断伸长率（%）	不小于150
粘结剥离强度性能	常温下	与铝合金（kN/m）	不小于4
		与镀锌钢板（kN/m）	不小于4
		与环氧底漆（kN/m）	不小于4
	120℃/7d老化后	与铝合金（kN/m）	不小于4
		与镀锌钢板（kN/m）	不小于4
		与环氧底漆（kN/m）	不小于4

（4）梁端、塔端锚头防腐维护

梁端锚头均设置在内环梁内，内环梁内净高约1.6m，不需要施工平台，需布置安全低压灯带确保照明，设置抽风机确保梁内通风。

塔端锚头均设置在塔柱内，个别较高位置，需准备爬梯到达维护；另外个别锚头保护罩存在焊接连接情况或设置在吊顶内情况或靠近隔墙情况。

针对保护罩焊接连接情况，需用打磨机打磨切割焊缝，便于打开保护罩；针对设置在吊顶内情况，须将吊顶拆除，方可有空间打开保护罩；针对靠近隔墙情况，需要进行确认是否可局部凿除腾出保护罩打开空间。

针对油脂变质、流失检测情况，清理原油脂，重新喷涂上锚头、下锚头表面3mm厚阻蚀密封蜡。

阻蚀密封蜡应符合《预应力钢质拉索的验收推荐性规范》FIB 89-2019、《斜拉桥钢绞线拉索技术条件》GB/T 30826—2014对防腐材料的相关要求，见表3-10。

主要工序：

主要性能指标 表3-10

测试项目	性能指标
滴点，GB 4929—1985	≥100℃
钢网分油量，NB/SH/T 0324-2010	0（测试条件：90℃，7d）
密度（g/cm³），GB/T 8928—2008，20℃	0.9
与PE材料的兼容性	通过
针入度（0.1mm），GB/T 4985—2021，25℃	110～170
低温性能，NB/SH/T 0387-2014，-40℃，30min	不开裂
金属腐蚀测试，SH/T 0331-1992，100℃，24h	无腐蚀
氧化安定性，SH/T 0325-1992，99℃，100h	压力降≤0.03MPa
盐雾测试，SH/T 0081-1991，5%NaCl溶液，35℃	≥720h，A级
湿热测试，GB/T 2361—1992，49℃	≥240h，A级

1）先拧松保护罩上灌浆孔螺栓，将保护罩内油脂排出收集至专用油桶，再打开保护罩，用干净纱布将索导管内变质油脂擦拭干净，并用热风机将索导管内吹干燥，检查每根钢绞线夹片夹持锚固情况，是否有滑丝或松脱现象，若发现及时报告设计等相关单位，采取相应措施。

2）用专用喷涂设备将阻蚀密封蜡加热至液态喷涂至每根绞线斜拉索外表面，每根绞线间隙均填充饱满，冷却后阻蚀密封蜡防腐厚度不小于3mm，喷涂过程通过阻蚀密封蜡喷涂用量校核。

3）重新对保护罩用砂纸或钢丝刷除锈，涂专用防锈漆三遍，并更换保护罩的密封橡胶垫圈。

验收要求：

1）清理绞线外表面油脂直至露出基面，手触无油脂。

2）阻蚀密封蜡防腐厚度不小于3mm。

3）绞线间隙填充阻蚀密封蜡饱满。

3.4
屋面修复技术

1.屋面工程概况

体育场屋面高度为40.1m。屋面形式为钢网架，屋面总面积约21914m²，屋面最低点标高21.766m，最高点32.55m。金属屋面系统约19700m²，采光窗约5000m²，旧屋面为彩钢板屋面，现拆除原有旧屋面围护系统，更换为直立锁边扇形板系统。由于保留部分原主檩条，且不允许破坏室内环境，故原屋面须保护性人工拆除。体育场屋面改造后如图3-35所示。

图3-35　体育场屋面改造后实景图

本项目分东西区域，采光顶的檩条需要更换为屋面系统的檩条，钢结构表面腐蚀需要清理并重新补漆，破损的檩条需要更换，天沟部分龙骨需要增加。

2.金属屋面系统构成

（1）金属屋面标准构造

原金属屋面构造为：0.53mm厚镀铝锌压型钢板+檩条。

改造后金属屋面构造如图3-36～图3-38所示。

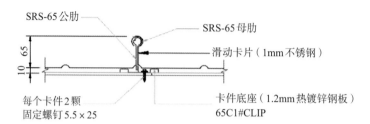

图3-36　铝镁锰直立锁边金属屋面SRS-65型连接示意图

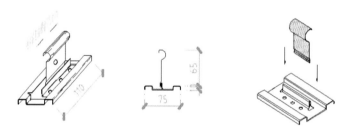

图3-37　移动卡件固定支座与屋面板连接示意

图3-38　SRS-65型铝镁锰金属屋面板实物图

（2）屋面与天窗标准构造

金属屋面标准构造节点及天窗标准构造节点见表3-11、表3-12。

金属屋面标准构造节点　　　　　　　　　　　　　　表3-11

序号	从上至下构造层
1	0.9mm厚铝镁锰SRS-65型金属屋面扇形板
2	C形檩条，C200×70×20

序号	从上至下构造层
1	3mm厚阳光板
2	铝合金支座（固定+滑动）
3	C形檩条，C200×70×20

（3）屋面板及阳光板的布置

阳光棚屋面因体育场呈马鞍形，直板要实现屋面造型必将需要多角度切割板面，在每个轴线中间区域铺设5块3mm Suntuf实心波形板，而在轴线左右两侧设置扇形厚聚碳酸酯波浪板，中间连接处采用铝合金通常压条。金属屋面板局部布置示意图如图3-39所示。

图3-39 金属屋面板局部布置示意图

3.施工现场平面布置

（1）屋面施工分区及施工顺序

本屋面分为东西两侧两大部分，东屋面及西屋面又各分为南北两块，从中间分别往南北同时施工。屋面施工顺序如图3-40所示。

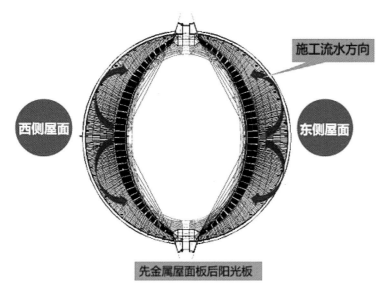

图3-40 屋面施工顺序

（2）施工总平面布置

本工程中现场施工平面布置主要包括屋面板加工场地、屋面板运输场地、材料的堆放场地、施工道路、现场临时设施及生活设施场地。

1）大型垂直运输机械

本工程垂直运输机械主要是汽车吊，用于金属屋面板材、檩条等的运输。25t汽车吊如图3-41所示。

图3-41　25t汽车吊

2）现场材料堆场布置

屋面材料在运输至屋面前，均需要短时占用一块场地，占用时间在一周左右。

3）现场加工场地布置

屋面板的制作全部在施工现场进行，将卷材和屋面板压型机运至施工现场进行制作。计划在现场场外空旷处，根据施工进展，各选一处临时加工场地，以供现场加工材料堆放使用。

加工场地分为原材料堆放、加工工棚、半成品堆场、成品保护仓库等设施。各类材料按不同规格堆放整齐，设置标识牌和检验状态。屋面板加工场地必须进行硬化，对加工场地承载力不足的地面，采取加固。

4.屋面板现场吊装运输方案

（1）屋面板现场吊装

1）吊车设在各区檐口下的硬化地面上。

2）吊装重量：本工程屋面板最长51m，根据板长的不同，每次起吊20～40张板，总重量控制在3.0t以内；48m圆管扁担的重量为1.8t，起重总重量控制在5t以内。

3）吊装工具：根据现场材料情况，吊装工具由 $\phi159 \times 6$ 圆管或 $\square 250 \times 150 \times 6$ 方管（作为吊装用的扁担）、2t吊带、$\phi20$ 钢丝绳组成。扁担由 $\phi159 \times 6mm$ 或 $\square 250 \times 150 \times 6$ 方管组成，管与管之间用M20的高强度螺栓连接或对接焊，最长为48m。扁担通过四根 $\phi20$ 钢丝绳与钢管上吊耳连接，共计7个吊点，吊点间距≤7.3m。屋面板通过吊带及3t的U形卡吊在钢管上，吊带之间的间距≤3.650m。钢丝绳的端部固定方法需符合下述规定：

绳卡连接如图3-42所示。

绳卡连接简单、可靠，得到广泛的应用。用绳卡固定时，应注意绳卡数量、绳卡间距、绳卡的方向和固定处的强度。应符合下列要求：

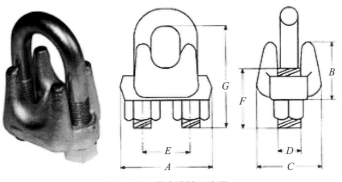

图3-42 绳卡连接示意图

①绳卡数量应为4个。

②绳卡压板应在钢丝绳长头一边，绳卡间距≥120mm。

4）吊装方法：屋面板加工好后，用人工抬至吊机吊装的位置。

用布吊带将屋面板捆住，然后在圆管扁担上缠绕一圈后，用3t的U形卡卡住。吊装的钢丝绳挂在吊机的大吊钩里。圆管的两端固定溜绳用于吊装过程中对屋面板进行定位。一切准备工作就位后开始起吊，起吊须严格遵循相关的操作规程。屋面板吊装上屋面后由人工倒运到相关的安装部位（图3-43）。

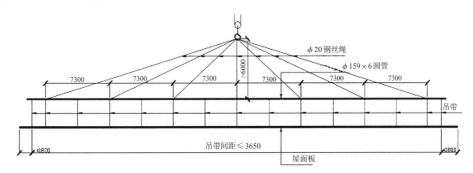

图3-43 屋面板吊装示意图

（2）其他屋面材料吊运汇总见表3-13。

屋面材料吊运汇总表　　　　　　　　　　　　　　　　表3-13

序号	施工内容	采用机械	吊装方法
1	檩条及骨架	汽车吊或定滑轮	采取一钩多吊的方式 一钩多吊

序号	施工内容	采用机械	吊装方法
2	面板支座、配件、辅材	汽车吊	 整箱吊运
3	天沟	汽车吊	 分包、捆扎后吊运

（3）吊装机械选用分析

本工程屋面材料主要通过50t汽车吊吊装及卸料，50t汽车吊性能参数见表3-14、表3-15。

50t汽车吊性能参数 表3-14

工作幅度（m）	臂长							
	10.4m		17.6m		24.8m		32m	
	吊重（kg）	吊高（m）	吊重（kg）	吊高（m）	吊重（kg）	吊高（m）	吊重（kg）	吊高（m）
3.0	25000	10.5	14100	18.1				
3.5	25000	10.25	14100	17.89				
4.0	24000	9.97	14100	17.82	8100	25.28		
4.5	21500	9.64	14100	17.65	8100	25.16		
5.0	18700	9.28	13500	17.47	8000	25.03		
5.5	17000	8.86	13200	17.26	8000	24.89	6000	32.32
6	14500	8.39	13000	17.04	8000	24.74	6000	32.2
7	11400	7.22	11500	26.54	7210	24.41	5600	31.95
8	9100	5.54	9450	15.95	6860	24.02	5300	31.66
9			7750	15.27	6500	23.59	4500	31.33
10			6310	14.48	6000	23.1	4000	30.97
12			4600	12.49	4500	21.94	3500	30.13
14			3500	9.6	3560	20.51	3200	29.12
16					2800	18.74	2800	27.93

工作幅度 (m)	臂长							
	10.4m		17.6m		24.8m		32m	
	吊重 (kg)	吊高 (m)	吊重 (kg)	吊高 (m)	吊重 (kg)	吊高 (m)	吊重 (kg)	吊高 (m)
18					2300	16.52	2200	26.52
20					1800	13.61	1700	24.95
22					1500	9.29	1400	22.9
24							1100	20.54
26							850	17.6
28							640	13.71
29							550	11.07
倍率	10		6		4		3	
钓钩重量	250kg							
主臂最小仰角	28°		30°		20°		19°	
主臂最大仰角	68°		76°		78°		78°	

副臂吊装性能参数   表 3-15

主臂仰角 (°)	副臂 15m					
	补偿角					
	0°		15°		30°	
	幅度 (mm)	起重量 (kg)	幅度 (mm)	起重量 (kg)	幅度 (mm)	起重量 (kg)
78	9000	2800	11000	2500	13000	1900
75	11000	2800	13000	2400	14700	1750
72	13000	2750	15000	2200	16600	1700
70	14200	2650	16200	2100	17800	1600
65	17500	2150	19400	1800	20800	1500
60	20500	1800	22400	1600	23800	1400
55	23200	1400	25300	1300	26500	1230
50	26500	1000	28000	900	29000	900
40	31500	500	32500	400	33300	400

（4）阳光板现场吊装方案

阳光板最长为13.25m；采用工厂定尺加工后运输至现场。

运输至项目现场后对阳光板进行分区安放，做好防护措施。

吊装至屋面时，将阳光板置入吊篮中。

阳光板的吊升采用一台70t汽车吊。利用汽车吊，吊升吊篮，将阳光板运至屋面上（图3-44）。

通过安装工人，人工搬运至屋面预定安装位置处，落实安装事项。

图3-44　阳光板现场吊装

5.金属屋面现场施工安装方案

（1）屋面整体施工流程

底板拆除→用拆除底板铺设通道→挂安全网→安装檩条→安装天沟→安装底板→安装固定卡件→安装屋面板→细部安装。

（2）施工定位及测量放线

屋面工程的测量放线主要是将原建筑测量控制网的轴线、标高引测至钢结构上表面，作为屋面施工定位的基准。

1）测量仪器

①测量仪器的选择

本工程主要的测量仪器选用测量用途比较广、精度高的全站仪，配合普通光学经纬仪、精度在1mm的自动安平水准仪、钢尺等及其他测量所需的器具及配套设施。

②测量仪器的检验校核

在测量仪器进场前，必须进行检查。检查是否已超过检验鉴定期限。如果仪器已超过检验鉴定期限，则必须到具有检验鉴定资格的专业检测鉴定机构进行检验鉴定。待检验校核完成并合格后，鉴定机构会在仪器上贴有检验鉴定标签，并附有检验鉴定合格证明书方可进场使用。但在使用过程中，也必须进行复合，避免出现差错，减少误差。测量仪器在使用过程中，发生碰撞、振动、操作不当、误差超标时，即使在检验鉴定期间内仍需进行检验鉴定。

2）测量放线人员配备

建立健全的测量机构，由经验丰富的测量专业工程师全面主持测量放线工作，测量组配备1名测量组长，2名测量员，劳务班组配备2名测量工人。

3）现场焊接

①索取控制测量资料

测量放线人员进场后，及时与项目部、监理单位的测量队（组）接洽，向项目部、监理单位的测量放线组或相关单位索取建筑物的测量控制网的平面布置图和所有控制点的坐标。测量控制资料必须经过监理（业主）、项目部的认可。

②现场实地勘查

根据项目部或业主（监理单位）提供的测量控制网点平面布置图，现场实地找出每一个测量控制点，并核对其编号。检查是否有缺失、损坏等，发现问题及时提出，报请业主单位解决。在得到明确答复后方可确定是否可用或重新得到其坐标。在所有测量控制点确定后，用全站仪复核各控制点，一方面可以复核控制点的坐标，另一方面也可以复核一下仪器。如果复核与实际有偏差时，必须找出原因，待问题解决后方可使用（控制点坐标或仪器）。

4）测量总体顺序

施工测量工作本着先整体后局部，先控制后局部的方针，首先进行控制点（线）的测量工作，然后再测量分区控制线及细部轴线。

5）控制网引测

①平面控制网引测

根据本工程施工场馆部位，在每一施工场馆引测纵横交错平面控制网至屋面钢结构上表面，施工时，施工人员根据水平控制网依次测放檩条、底板、面板及天沟支架的控制线。平面控制网间距不超过30m。

②标高控制点引测

利用业主单位提供的标高控制点，用钢尺将建筑物控制标高引测到屋面钢结构上表面，引测时要注意标高控制点的密度，以方便屋面标高测控为宜。标高控制点密度每200m^{2}设一个控制点（图3-45）。

图3-45　标高控制点现场照片

6）屋面定位测量

①天沟定位测量

轴线与标高控制点引测至屋面后，进行屋面定位测量，根据平面控制网先定出屋面天沟位置线，测量时用钢尺通过轴线控制网量出各条天沟位置控制点，每条天沟至少测出三个点，每点通过天沟两侧两条控制线测量，以便校核天沟位置误差，如图3-46所示。

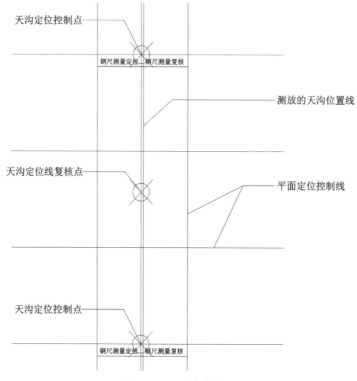

图3-46　天沟定位测量

②檩条定位线测量

檩条位置设在主结构上，平面位置可不用定位，以主结构位置为准，施工时，檩条定位主要工作是定位檩条支座处高度，施工前，用全站仪测量钢结构实际标高，并与设计标高比较，确定误差值，高于设计标高的为负值，低于设计标高的为正值，在施工钢结构支托板或檩托板时对钢结构节点误差进行调整。

檩托板在加工时，依据测量数据对檩托板高度进行调整，钢结构误差为正值，檩托板加高，钢结构误差为负值，檩托板高度降低。调整完后，在檩托板上测出檩条安装高度线，并用油笔在檩托板上标记，作为檩条安装的高度定位线。

首先定位檩条平面位置，测量方法是依据平面控制网进行测量定位，定位后在电脑三维图中确定檩条标高补偿值，同时测出檩条与檩条之间角度值，并将上述数据测放在檩托上，作为施工依据。

③屋面标准节点施工方案

A.次檩条安装

a.本工程的屋面次檩条采用C200×70×20，并设置加密区与非加密区。

b.安装工艺流程

檩条安装位置、标高的确定→连接件的安装→檩条的安装→测量复核→标高、安装坡度的调整→固定。

c.屋面檩条的运输

钢檩条在工厂制作完成后运至施工现场，采用如下方式完成垂直和水平运输：

（i）垂直运输

次檩条可打捆由汽车吊吊至屋面，再解捆由人工搬运至安装位置，或将次檩条放置在正下方，利用捯链等可轻便移动的工具提升，避免作业人员在钢梁上抬檩条。

（ii）檩条的屋面水平运输

主要是次檩条的水平运输，由于单根次檩条重量较轻，仅为50kg，可在屋面钢结构和主檩条上固定活动式架板，在架板上堆放单个区域的次檩条捆，再解捆由人工单根搬运至安装位置。一个区域工作完成后再进行另一个区域继续施工。

（iii）次檩条的固定

屋面钢檩条采用栓接的方式与檩托板连接固定（图3-47）。

图3-47　檩条安装完成

（iv）檩条标高的调整

檩条的高差调整，可以通过檩托的高度，通过加工不同长度的檩托进行调整。钢结构的偏差测量在钢结构施工时及时插入测量工作，保证檩托加工的及时性及施工工期。根据上述檩条测量方法及时进行测量数据的汇总及檩托板的深化。

d.檩条安装的质量保证

檩条等主要构件安装允许偏差及检查方法应严格按照《钢结构工程施工质量验收标准》GB 50205—2020进行（表3-16）。

在构件的安装过程中应按实际情况做好：各隐蔽部位的记录，工程定位记录，结构吊装记录，各部位的技术复核记录，螺栓的检查记录，焊缝的外观及二、三级探伤记录，焊条的烘焙记录，各分部的质量验收记录。

檩条等主要构件安装允许偏差及检查方法表　　　　　　　表3-16

项目	允许偏差	检查方法
檩条的间距	±5.0mm	用钢尺检查
檩条的弯曲矢高	$L/750$，且不应大于12.0mm	用拉线和钢尺检查
檩条标高	±30mm	全站仪

在构件吊装完成后，应对钢檩条的轴线位移、弧度、水平度、跨中垂直度、侧向弯曲等进行仔细的检查验收，并做好详细的检查验收记录。

安装完成后，在进行自检合格后，应由项目经理或技术总负责人提出，经监理单位、建设单位同意，邀请监理单位、建设单位、设计单位、质监单位及有关部门进行中间验收。

e.屋面钢檩条安装的安全保护

在安装屋面主檩条前，宜在屋面钢结构上设置安全立杆，拉设水平安全绳，并在主体钢结构上满铺安全网。在安装次檩条时，宜在主檩条上设置安全立杆，拉设水平安全绳，生命线搭设具体如图3-48所示。

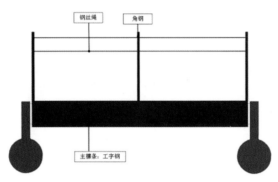

图3-48　生命线示意图

作业人员上下屋面应从规定的通道上下，不得利用钢柱垂直支撑等非规定通道进行攀登，也不得任意利用吊车臂架等施工设备进行攀登。

规定的通道上下所需的攀登用具应符合"攀登作业"规定。

屋面檩条的安装严格按施工作业指导书的方法、顺序作业施工。

高处作业必须正确系挂安全带，安全带须符合《坠落防护 安全带系统性能测试方法》GB/T 6096—2020要求，不能使用不合格的材料做安全带，安全带每次使用前应按规定进行受力检查。

登高人员必须衣着灵便，穿软底防滑鞋，而且禁止穿拖鞋、凉鞋、高跟鞋和其他易滑鞋。

高处作业一定要有安全登高设施并布置合理，高处作业人员应从规定的梯道上下。人要站稳，校正吊装构件等作业时不宜用力过猛，以防身体失稳坠落。

吊装构件就位未固定前，不得松钩，不准在未固定的构件上行走、操作。

电焊工必须经过有关部门专业安全技术培训，取得特种作业操作证后方可独立操作上岗。非电焊工严禁进行电焊作业。

开始焊接时，合闸时要先挂起焊钳或将其放在绝缘板上，预热的工件、不焊接部位用石棉板遮盖。

焊接过程中，手或身体某一部分不能触及带电体；在容器或狭小场所焊接时要设监护人，更换焊条时要戴电焊手套。

大型体育场馆
有机更新技术创新

必须使用标准的防火安全带，并系在可靠的构架上。

必须在作业点正下方5m外设置护栏，并设专人监护。必须消除作业点下方区域易燃、易爆物品。

B.固定卡件及屋面板安装

a.屋面板运输

屋面板横向运输时，必须由多名操作人员共同完成。由两人组成一组，两组间的距离不大于5m，确保屋面板在运输过程中不产生塑性变形。

为保证安装工期，SRS-65金属板采用分别从两侧同时施工的方法。屋面板铺设共分2~4组，每组派出一人安装定位点，"固定点"位置见设计图纸。"固定点"即屋脊到屋檐天沟的中间点，保证51m长的屋面金属板的热胀冷缩量向两个方向延伸。

b.SRS-65金属板安装

根据确定的安装位置和垂直于屋脊的线在檩条上安装第一排固定卡件，然后将第一张屋面金属板定位。用弓字形大力钳每隔3m将卡件和第一张金属板夹固，然后靠近金属板另一侧在檩条位置安装固定卡件。

第一张板两侧的固定卡件螺钉固定后，安装下一张金属板。同样两张接缝处在固定卡件位置用弓字大力钳夹固。在每隔3m处夹固弓形大力钳以保证金属板肋垂直，两块板的接缝严密，然后在檩条位置固定卡件。

c.SRS-65锁边

出于安全方面的考虑，板在铺板后必须当天进行锁边，这样板才可以共同工作，以保证承载能力。开始锁边之前，特别要检查锁边机的状况。锁边前必须保证锁边机滚轮的清洁以及没有毛刺。可以通过检查锁边完成后合金板卷口的尺寸来判断锁边机是否正常。锁边机前进时，应派人用脚踏上扣接位，令扣接位有良好扣接。根据支撑结构平整度，操作人员的照看锁边机可以自动运行而无须操作人员的照看，但在锁边机到屋脊或天沟处之前，则必须有操作人员的照看，防止锁边机冲出金属板面，发生板面和设备的损坏。锁边机到位置后及时切断电源，将锁边机移至下一个锁缝位置。

d.屋面板安装注意事项

（i）安装时应注意面板立壁小卷边朝安装方向一侧以利安装，板在水槽上的伸出长度不少于100mm。

（ii）板面整洁无施工残留物，板与板搭接处咬合紧密且板中无拉裂等缺陷。

（iii）要求咬过的边连续、平整，并不得出现扭曲和裂口。

（iv）当天就位的屋面板，必须于当天完成咬口作业，以防止因夜间天气等因素使板被风吹坏或刮坏的现象出现。

（v）屋面板的板边修剪应采用电剪刀。修剪位置应以拉线为准，修剪檐口和天沟处的板边，修剪后应保证屋面板伸入天沟的长度与设计的尺寸相一致，从而有效防止雨水在风的作用下吹入屋面夹层内。

（vi）早上屋面易有露水，坡屋面上彩板面滑，应特别注意做好防护措施。

e.屋面板安装技术标准

严格按《压型金属板设计施工规程》YBJ 216—1988组织施工，主要偏差如下：

屋脊板的差高：20mm；

波纹的直线度：20mm；

波纹线对屋脊板的垂直度：2；

封檐板与屋脊板的平行度：2；

封檐板下口的直线度：20mm；

纵向搭接处必须涂密封膏宽30mm；

屋面板无重度划伤、无杂物。

④阳光板施工方案

阳光棚屋面因体育场呈马鞍形（图3-49），直板要实现屋面造型必将需要多角度切割板面，这样不利于屋面防水效果，故我司在每个轴线中间区域铺设5块3mm Suntuf实心波形板，而在轴线左右两侧设置扇形厚聚碳酸酯波浪板（图3-50），中间连接处采用铝合金通常压条，这样就完美地解决了屋面造型并杜绝了屋面漏水隐患。

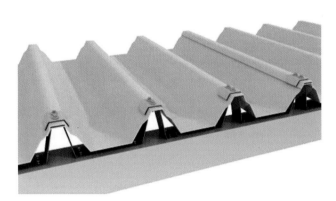

图3-49　阳光棚屋面构造效果图

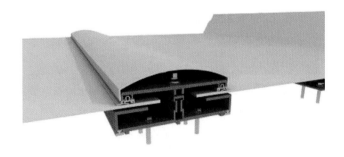

图3-50　阳光棚屋面扇形调节板效果图

A.阳光棚屋面施工工序穿插及施工流程

体育场阳光棚屋面现场施工工序分为檩条施工、阳光板支座固定、阳光板安装、檐口封边施工及收边收口施工，每道工序施工期间或会同金属屋面施工工序同时施工，因此需做好工序间的搭接工作，做好关键性工作，同时需合理安排劳动力、施工资源等，保证不存在窝工等现象（表3-17）。

阳光棚屋面施工工序穿插及施工流程　　　　　　　　　　　表3-17

序号	阶段	内容	前道工序搭接情况	后道工序影响情况
1	檩条施工	施工内容主要为檩托板、矩形管	主钢结构加固完成并验收通过,可与金属屋面同时施工	檩条施工为阳光屋面工程施工第一道工序,其施工进度约占据屋面工程进度的一半,直接影响到屋面构造层甚至整个屋面的施工进度,所以此工序为重中之重,因而我司将派充足的施工队伍保证檩条的施工
2	阳光板施工	施工内容主要为安装阳光板	阳光板檩条安装完成后,并且金属屋面安装完成后	无

B.阳光板安装工艺

a.施工流程

原始测量数据复核→投放主轴线测量控制点→加密轴线,划分施工区域→安装龙骨→连接件端面坐标测量→高差调节→阳光板支座放线→首块板安装→复核数据、调整误差→固定→安装后续板材→区域内安装误差测量→调整→清洗。

b.测量放线

复测钢结构标高、位置误差,将标高标示于钢架侧面。按阳光板分格在钢架上标示龙骨位置和支座位置(图3-51)。

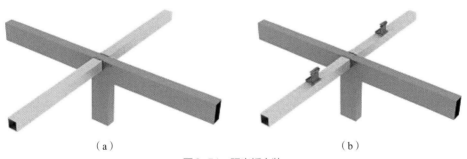

（a）　　　　　　　　　　　　　　　　（b）

图3-51　阳光板安装
（a）阳光板钢架安装;（b）阳光板支座安装

阳光板吊装前地面人员首先对所安装的阳光板尺寸进行校对,阳光板尺寸无误方可进行吊装。阳光板的吊装为汽车吊多片起重。人工将阳光板就位后,精调位置,用压块将阳光板固定,松开吸盘进行下一块阳光板的安装。

c.阳光板扣件的安装

铝合金扣件安装于阳光板的接缝上。铝合金扣件与阳光板的扣合,采用夹具下部的夹式槽,将阳光板肋头扣合,以不锈钢螺栓拧固连接牢固的形式进行。

安装过程中必须边安装边进行位置及三维坐标的校核工作,保证下一步安装的位置准确。

6.现场网架和檩条除锈、补漆施工方案

（1）拟投入本标段施工的主要机具配备表（表3-18）

主要机具配备表 表3-18

名称	型号	数量	主要性能	备注
50t汽车吊		1台	材料转运	
超大曲臂车		2台	高空作业	58m超长臂
手枪钻		20把		
空压机		1台		
电焊机		2台		
气（电）动除锈枪		4把	除锈	开工前3d运至现场
油漆工具		若干	除锈	根据需要调整
湿膜测厚仪	WTC-I	4台	检查漆膜	开工前3d运至现场
干膜测厚仪	ZTC-I	4台	检查漆膜	开工前3d运至现场
安全装备		按需	人身安全	安全帽、安全带、口罩

注：根据工程需要可随时调整。

（2）施工工序总体安排分东、西区域

1）施工区域顺序：先拆除原屋面板→油漆翻新施工→更换檩条施工（檩条检测穿插施工）。

2）屋面中间采光板和天沟施工：先拆除原采光板→拆除原天沟施工→油漆翻新施工→新增加檩条施工→新增加天沟次龙骨施工。

每项工作在施工中自检合格后，报验收合格，方可进入下道工作施工流程。

3）除锈防腐施工工艺顺序与标准：

清除原老化漆面除锈→质量、安全验收→环氧富锌底漆施工→质量、安全验收→环氧云铁中间漆施工→质量、安全验收→防火涂料施工→氟碳面漆施工。

在上述的工艺流程中，后道漆必须在前道漆实干后经验收确认后方可再涂刷下道油漆。

防火涂料施工不得误涂、漏涂，粘结牢固无粉化松散现象，不得有局部缺损和剥落现象，用0.5kg小木槌敲击涂层表面检查，各部位应紧实一致，如有中空，必须局部打掉重新施工。

涂层出现的裂纹，不得超过3条，且裂纹的宽度应不大于1mm。

涂层表面应光滑平整，用1m靠尺检查，其间隙不得大于5mm。

涂层厚度应采用直径为1mm的探针，在每平方米面积上任取间距不小于200mm的6个点，进行尺寸检查，允许偏差为+2mm。如果有2个以上的点不合格，则应再取6个点复测；如仍不符合要求，该处应予以返工。

3.5
功能调整后的结构构件加固技术

本工程体育场、体育场配套用房、体育馆、游泳跳水馆为既有建筑改造项目，原结构为钢筋混凝土框架结构，其中体育场及配套用房局部钢筋混凝土梁板结构、局部钢筋混凝土梁板结构，本工程主要采用粘钢加固、碳纤维加固、化学植筋等加固方式。

1.粘钢加固施工方案

粘钢加固具有施工简便、快捷，被加固件断面尺寸和重量相对较小；建筑结构胶将钢板（型钢）与混凝土紧密粘结，将加固件与被加固体结合为一体；结构胶固化时间短，完全固化后即可以正常受力工作的特点。

（1）施工工艺

混凝土梁粘贴钢板加固施工流程如图3-52所示。

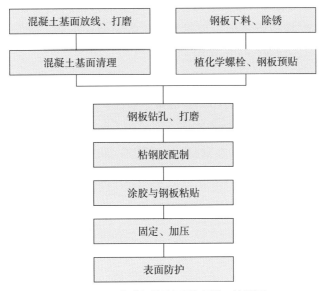

图3-52 混凝土梁粘贴钢板加固施工流程图

（2）施工控制要点

1）钢板加工

①根据图纸所要求的尺寸下钢板料。

②根据植筋的分布，在钢板相应位置钻孔。

2）障碍物清理

①根据现场实际情况予以清理，总的原则是方便施工为宜。

②现场质检员核查清理状态，合格后进行下一步工序。

3）放线、验线

①放出钢板粘贴位置线点位置线。

②现场技术员（工长）复核方向无误后，方可开始施工。

4）钻孔

①根据施工图纸及加工好的钢板孔位，确定植栓位置钻孔规格。

②接好电锤电源，进行钻孔施工。

③清理钢筋混凝土结构面。

④用角磨机打磨混凝土表面。

⑤用吹风机将混凝土表面浮尘吹掉。

⑥请业主、监理对打磨后的混凝土表面进行验收。

⑦拼装焊接、打磨、钢板除锈。

⑧在需要粘钢的位置将下好的钢板拼装好，拼装好后的钢板位置与实际位置偏差不允许大于《建筑结构加固工程施工质量验收规范》GB 50550—2010中的允许偏差。

⑨钢板表面打磨：钢材粘结面，需要进行除锈和粗糙处理，用砂轮磨光机打磨出金属光泽。打磨粗糙度越大越好，打磨纹路应与钢材受力方向垂直，其后用棉丝蘸丙酮擦拭干净。

⑩报请监理或业主验收，合格后方可进行粘钢作业。

⑪配制结构胶严格按照结构胶说明书提供的配合比配制，搅拌均匀后方可使用，一次配胶量不宜过多，以40～50min用完为宜。

⑫用小铲刀将配制好的结构胶均匀涂抹在钢材表面和混凝土表面上，抹胶厚度1～3mm，中间厚边缘薄。将钢材粘贴到混凝土表面，粘贴到位后，立即用夹具或支撑固定，并逐步加压，使胶从钢材边缘挤出，同时要不断清理挤出的胶。

⑬带化学锚栓的粘钢加固：在钢材上按照化学锚栓的位置打孔，将钢材上的孔与化学锚栓对准粘贴位置后，立即上紧锚栓，紧固锚栓时要求顺着同一方向逐个拧紧，使胶从钢材边缘挤出，同时要不断清理挤出的胶。

5）刷防锈漆

①清理钢板余胶至原钢材面。

②先刷一道防锈漆，待干后，再刷第二道防锈漆。

本工程典型加固如图3-53所示。

2.化学植筋施工方案

（1）概况

本工程体育场局部区域改造需进行化学植筋。

（2）材料选用

1）植入钢筋三级钢级螺纹钢。

2）结构胶选用化学胶粘剂，各项性能详见材料说明及检测报告等资料。

（3）技术要求

根据结构胶的特性及厂家提供的技术参数，依据设计院的设计要求进行施工。

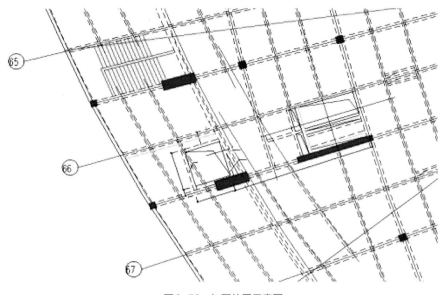

图3-53　加固位置示意图

1）孔深

根据设计提供的数据或结构加固规范和设计要求施工，在实际施工中，应考虑对钢筋埋深增加5%的安全系数。

2）孔径

根据厂家提供的数据施工，由于孔身进行打毛造成孔径增大，误差3mm。

3）固化时间

参照结构胶的化学反应时间，见表3-19。

结构胶的化学反应时间表　　　　　　　　　　　　　表3-19

基材温度（℃）	凝胶时间	固化时间
−5	4h	72h
0	3h	50h
10	2min	24h
20	30min	12h
30	20min	8h
40	12min	4h

4）技术参数（表3-20）

喜利得（HY-150）技术参数表　　　　　　　　　　　表3-20

钢筋直径（mm）	钻孔直径（mm）	孔深（mm）	备注
8	10	80	
10	14	100	
12	16	140	钢筋屈服
14	18	170	
16	20	190	

钢筋直径（mm）	钻孔直径（mm）	孔深（mm）	备注
18	22	220	钢筋屈服
20	25	250	
22	28	275	
25	32	375	
28	37	500	

在实际施工中，钢筋植入后24h内不能扰动植入的钢筋。

（4）化学植筋施工流程

准备：检查被植筋的混凝土面是否完好，判断植筋处混凝土内的钢筋位置，核对、标记植筋部位。

钻孔：按设计要求在施工面上划定钻孔植筋的位置，放好样，利用电锤钻孔。根据图纸要求选择相应的钻头、钻孔深度，根据设计图纸要求施工。实际操作，根据孔径和对应深度进行钻孔，经检查满足要求即可钻孔。钻孔如图3-54所示。

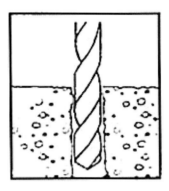

图3-54　钻孔示意图

孔洞清理（除尘、干燥）：成孔后的孔道利用吹风机和刷子清除孔道内的粉尘，避免由于粉尘产生隔离而影响粘结面，先用吹风机套细管伸入孔道内吹除粉尘，然后用专用试管刷来回清刷孔壁，如此反复2～3遍，直到孔内孔壁无浮尘水渍为止，并用丙酮擦拭干净。

清孔后如不准备立即进行植筋，应及时堵塞孔口，避免污染。孔洞封堵、清理如图3-55所示。

钢筋处理：检查钢筋是否顺直，对锚固筋端部用钢丝刷去除锈渍，直至表面基本光亮无任何悬浮物为止。除锈的长度大于植入长度，除锈后置于干净的环境中备用，无锈蚀的钢筋则可不进行除锈工序。

配胶和注胶：配胶和注胶一次完成。注胶采用专用粘胶灌注器（胶枪）。首先将植筋胶直接放入胶枪中，将搅拌头（注胶管）旋到胶的头部，扣动胶枪直至胶流出来为止，为了防止新胶不能完全混合好，刚开始流出的胶不使用，待胶流出成均匀的稳定颜色方可使用。注胶时，将注胶管插入孔的底部开始注胶，注入孔内约2/3即可。每次扣动胶

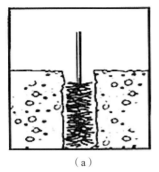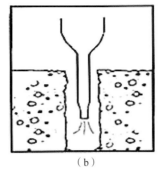

（a）　　　　　　　　　　　　（b）

图3-55　孔洞封堵、清理示意图

（a）封堵；（b）清理

枪后停顿5~6s，再扣动下一次胶枪。注胶时应一边注胶一边缓缓拔出胶枪。

插筋：插入处理好的钢筋，插筋的时候应将锚筋旋转并缓速插入孔道内，使胶与钢筋全面粘结并防止孔内胶流出。按植筋固化时间表进行操作，使得植筋胶均匀附着在钢筋的表面及螺纹缝隙中。注胶、插筋如图3-56所示。

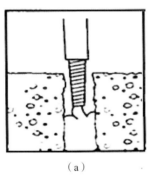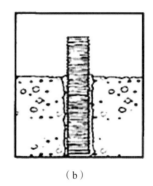

（a）　　　　　　　　　　　　（b）

图3-56　注胶、插筋示意图

（a）注胶；（b）插筋

养护：插好的钢筋不可再扰动，待植筋胶养护期结束后才可进行钢筋焊接、绑扎及其他各项工作。插筋、养护期间应避免振动的影响。养护时间一般在24h以上。

（5）质量控制要点

设计图、施工方案、方法确认→钢筋下料规格、长度、除锈情况检查→锚固胶品种、有效期等检查→钻孔深度、清理情况检查→结构胶饱满度检查→钢筋植入有无到位检查。以上检查如有与有关要求不符，要进行处理，严格达到有关要求后才能进行后续工序的施工及验收。

（6）主要安全措施

1）结构胶要远离火源、避免阳光暴晒。

2）施工场所应保持良好通风。

3）高空或危险部位施工时要严格做好防护措施。

4）严格要求工人用好个人劳保用品。

3.6
管道CIPP光固化修复技术

1. CIPP光固化整管内衬修复技术

（1）技术原理

该技术主要施工原理为：根据现场的实际情况在工厂内按设计制造内衬软管，然后灌浸光硬化性树脂制成树脂软管。施工时将树脂软管拖拉插入辅助内衬管内。拖拉完成之后，利用压缩空气使树脂软管膨胀并紧贴在旧管内，然后利用特殊波长的紫外线照射，使含浸有紫外线固化树脂的软管在既有管道内硬化，形成没有接缝的强化玻璃钢塑料管（图3-57）。

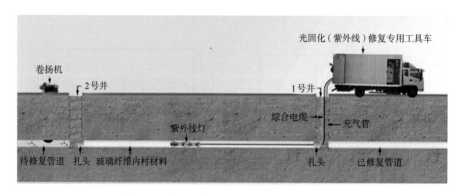

图3-57 光固化（紫外线）修复现场操作示意图

（2）适用管种及适用管径

该技术适用于全部管种（钢筋混凝土管、混凝土管、陶管、钢管、铸铁管、PVC管、PE管等）。

适用于$\Phi200\sim\Phi1600$，修复范围大。

修复长度：一次修复长度约200m。

（3）技术特点

1）大幅度削减二氧化碳：与温水硬化的技术相比，光硬化工法的二氧化碳排出量大约可以削减70%。

2）快速施工，缩短工期：与温水硬化工法相比，光硬化工法树脂材料的硬化时间短，缩短了作业时间。

3）渗水工况施工：树脂材料的外部用特殊的薄膜进行包装，即使出现渗水，也能不受影响地施工。

4）施工设备小型化：施工所需设备少，减少施工时对道路的占用，避免交通堵塞。

5）硬化后的收缩：因为在硬化后收缩极小，所以硬化后无需冷却就可以直接切断管口进行处理。

2. CIPP 纤维局部内衬修复技术

（1）技术简介及原理

纤维点状内衬修复是在管道局部裂缝、渗漏、破损等情况下，无需对整段管道进行内衬，或者因管道局部破损而需要紧急抢修时，可用局部内衬对管道进行修复的一种管道非开挖修复工法。该技术主要通过使用修补器把玻璃纤维材料导入破损部位，用压缩空气充入修补器，将用树脂浸润好的玻璃纤维紧紧挤压在管道内壁，适用范围：管径200~1200mm（图3-58）。

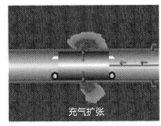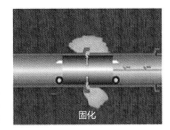

修补器定位　　　　　　充气扩张　　　　　　固化

图3-58　工作原理示意图

（2）修复优点及特性

1）整个修复过程工作人员无需进入管道，安全可靠，100%无需开挖修复，利用现有检查井就可以完成修复工作。

2）施工时间短，从树脂混合到玻璃纤维局部内衬修复完成2~3h。

3）玻璃纤维局部内衬修复厚度4.0mm，宽度400mm，修复后使得管道修复部位水密性强，粘结性高，有一定的柔韧性，同时耐压性大大增强。

4）常温固化，无需加热或紫外线等外辅助能量固化，对周围环境没有污染和损害。

5）特殊配方树脂，在潮湿的地下或带少量的水流情况下作业，树脂会牢牢粘覆盖在管面上。

6）使用的设备体积小，安装转移方便，如抹刀、气动搅拌机、剪切机、量杯、桶、缆绳割捆机和粘合带，空气滑阀推杆。

7）新管能提高水流能力和抗化学能力，具有耐酸碱腐蚀。

3. 小结

本项目排查检测雨污水管道1518段，长度约为17000m，其中管道正常1184段，存在结构性缺陷252段进行修复。采用紫外光（图3-59）及螺旋缠绕内衬修复（图3-60），将树脂软管拖拉插入辅助内衬管内，利用压缩空气使树脂软管膨胀并紧贴在旧管内，然后利用特殊波长的紫外线照射，使含浸有紫外线固化树脂的软管在既有管道内硬化，形成没有接缝的强化玻璃钢塑料管。

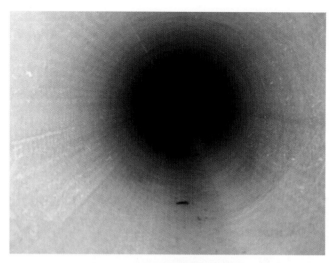

图3-59　CIPP光固化整管内衬修复效果图

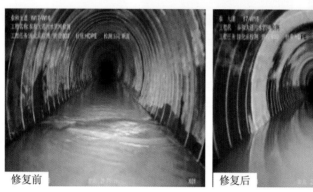
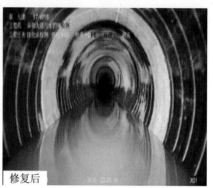

修复前　　　　　　　　　　　　　　　　修复后

图3-60　CIPP纤维局部内衬修复前后对比效果图

3.7
本章小结

　　本项目有机更新改造，主要涉及一系列的建筑微创修复关键技术，包括了大型复杂结构施工安全性监测技术、大跨度钢结构斜拉索体系维护技术、屋面修复技术、功能调整后的结构构件加固技术、管道CIPP光固化修复技术和外立面修复技术六个方面介绍。通过运用这些技术，可以改善建筑的安全性、稳定性和功能性，延长建筑的使用寿命，提高整个体育中心的品质和可持续发展能力，为其他类似建筑的改造提供技术参考和借鉴。

第 4 章

装饰装修施工关键技术

4.1
装饰装修工程简介

浙江省黄龙体育中心亚运会场馆改造项目整体建筑形象具有行云流水般的大体量和动感、力量感，所以室内装饰装修力求体现柔中带刚、挺拔张力的理念，体育形象造型追求简洁大方、适度夸张；选材采用有色复合钢板、环气磨石、大理石、亚克力等现代材料和工艺，结合柔美的光线和夸张活力造型，勾勒出充满运动感的室内空间，以动态的线型光亮的材质，塑造出生机勃勃、富有力量与时尚气息的体育运动空间。

1.体育场

体育场是亚运会足球决赛场馆和亚残会田径比赛场馆，为满足亚运比赛要求，对原有建筑平面功能进行改造设计；室内装饰在建筑改造设计基础上，对室内空间进行装饰设计。体育场宾馆大厅效果图如图4-1所示。

图4-1 体育场宾馆大厅效果图

其中一层东、西门头、西区贵宾挑空大厅、贵宾接待室、新闻发布厅和东区宾馆挑空大厅是主体育场室内装饰设计的重点空间，装饰用材以环氧磨石、合金钢板、穿孔吸声板、石膏板+灯膜/铝方通造型为主；整体风格现代、稳重，用材高档；其余空间装饰以砖、涂料、石膏板为主材，简洁、实用。体育场贵宾接待室效果图如图4-2所示。

图4-2 体育场贵宾接待室效果图

2.体育馆

体育馆、室内训练馆：体育馆本次为整体提升改造，大格局不做大改动，装修饰面由于年久略显陈旧，风格已经老套，内赛场声学也达不到比赛要求，对于亚运会这样比较重要的赛事必须重新改造；本次改造二楼观众入场大厅墙面选用高大的木纹色金属钢板，配以蓝黄色铝板起入口导视作用，加上顶面冲孔铝板造型搭配，让整个空间明亮且时尚活泼，而且便于清理，休息区增加艺术座椅陈设，提升整体的实用性。体育馆观众大厅效果图如图4-3所示。

图4-3 体育馆观众大厅效果图

新闻发布厅采用仿木纹和仿纺织物吸声防火金属无机复合板，在空间氛围中起静音的作用。体育馆新闻发布厅效果图如图4-4所示。

3.游泳跳水馆

游泳跳水馆建成时间短，内装本来较新，所以在环保理念上、节约预算的前提下进行改造，主要为新增空间以及在现有基础上略做硬装和软装的提升，项目的设计将保留原有风格，保证场馆的统一性。在材料的选择方面也在原有的基础上进行延用及升级。在馆内功能厅区域（原为羽毛球活动场地），采用拼装泳池方案建设符合规范要求和赛事标准的专业泳池。游泳跳水馆拼装泳池效果图如图4-5所示。

图4-4 体育馆新闻发布厅效果图

图4-5 拼装泳池效果图

4.2
室内磨石地面施工技术

1.施工前要求

确保充当持力层的基层混凝土质量及合理的施工环境是非常重要的保障因素。因此IFLOOR埃弗勒磨石地坪施工需尽量满足以下条件:

混凝土基面必须坚固,有足够的抗压强度(至少25N/mm^2)和抗拉强度(至少 1.5N/

mm^2）。基面必须清洁、干燥，没有任何污染物，如：灰尘、油、油脂、涂层或表面处理材料等。若有疑问，请先进行小面积测试。

（1）抗压强度：最小25N/mm^2（即C25细石混凝土强度）。

（2）拉拔强度：＞2.0MPa（注：细石混凝土内加ϕ4@100×100单层双向钢筋）。

（3）基面接收平整度：2m靠尺范围内≤3mm。

（4）细石混凝土须机械收光处理。

（5）细石混凝土基面与完成面的标高差应控制在产品施工厚度内。

（6）基面含水率：基面含水率在＜6%才能被成功涂覆。

（7）环境条件：空气湿度≤75%；空气温度：5～30℃；基面温度：8～25℃。

（8）其他要求：混凝土基层不开裂、不空鼓、不起砂。

（9）屋面防水、格栅吊顶、门窗安装、内墙抹灰已施工完毕，屋顶试验无漏雨。

2.施工过程要求

（1）基层温度：+10min / +30℃ max。

（2）周围环境温度：+10min / +30℃ max。

（3）基层湿度：基面含水率≤4%。

（4）测试方法：CM-测试方法，湿气无上升，符合ASTM标准（聚乙烯板法）。

（5）相对空气湿度30%～75%。

（6）露点：当心冷凝，基层及未固化地面必须比露点温度高3℃，以降低地面涂层出现冷凝或发花的风险。

3.磨石地面施工工艺及要点

（1）基础要求（抗压强度25N/mm^2，抗拉强度1.5N/mm^2）。

（2）隔离层处理（双层PE膜铺设）。

（3）防贯穿性开裂钢筋网（单层双向ϕ2.5钢筋网，10～15cm呈井字排开）、摊铺抗裂混凝土层（12～24h后可进行面层摊铺）。

（4）空间分区处理（根据建筑内部情况设计分割大小及区域）。

（5）镶分隔条（L形铝镁合金嵌条）。

（6）底漆施工（改性苯乙烯聚合物涂刷两遍）。

（7）摊铺磨石层（IFLOOR$^®$埃弗勒）施工厚度10～30mm之间，具体根据骨料大小及设计而定。

（8）研磨与修补施工（SealTight$^®$赛尔泰Dense/ SuperX Redi瑞德）。

（9）硬化增强及研磨抛光处理（SealTight$^®$赛尔Harden Pro/SuperX Resin瑞森）。

（10）表面抗污处理（SealTight$^®$赛尔泰Finish）。

（11）表面憎水处理（SealTight$^®$赛尔泰Guard）。

（12）完工验收：施工后养护24～48h后可以投入正常使用。

1）基层处理

①已有基层处理对项目的质量至关重要，如果不重视基层处理工作（隐蔽工程，施

工后客户无法直观感受），后期产生的问题往往都会非常严重，一旦出现问题需要大量的人力、财力去修复，甚至可能连修复的机会都没有。不同情况的地基，处理方式也会有不同。

②新浇混凝土找平层冬天需要养护28d，夏天不少于22d再进行面层施工比较安全，在项目工期不允许的情况下，找平层采用抗裂混凝土按C25混凝土配合比浇筑，养护12～24h即可进行下一步施工。为了确保基层的安全，建议新做的找平层，最好预先布置经过合理计算的预应力钢筋系统。

2）隔离层处理

将抗裂膜摊铺在基层上，使地面基层与抗裂层及面层悬空，确保基础在结构开裂的情况下不影响面层结构。

3）防贯穿性开裂钢筋网

将根据项目现场需要而选择的合适的钢筋平铺在基层上，抗裂混凝土层使用低收缩快干型抗裂混凝土摊铺30mm，摊铺过程须对现场墙面部分区域进行保护，确保摊铺后平整度达到面层摊铺要求。

4）确定分区

根据设计预设的分格尺寸，在房间中部弹十字线，计算好周边的镶边宽度后，以十字线为准可弹分格线；如果设计有图案要求时，应按设计要求弹出清晰的线条。

5）镶分格条

布置好分割铝镁合金嵌条后，用小铁抹子抹稠快硬水泥，将分格条固定在分格线上，抹成30°八字形，高度应低于分格条顶4～6mm，分格条必须平直通顺，牢固，接头严密，不得有缝隙。镶条后3h可以进行后续施工，在此期间，应禁止各工序交叉作业。

6）底漆施工

采用一种具有对水泥基材料起固化粘结同时具有封闭作用的乳液。

7）铺设磨石拌合料

磨石拌合料的面层厚度，除特殊要求外，宜为12～15mm（铺设钢筋网厚度需在20mm以上），将搅拌均匀的拌合料，铺抹分格条边，后铺入分格条内，用铁抹子由中间向边角推进，在分格条两边及交叉处特别注意压实抹平，随抹随用直尺进行平度检查，如有局部铺设过高，应用铁抹子挖去一部分，再将周围的水泥石子抹平，随后用消泡滚筒轻轻滚压释放气泡，并二次找平。几种颜色的磨石拌合料，不可同时摊铺。待前一种达到施工允许强度后，再铺后一种。

8）地面研磨与修补施工

使用SuperX Redi金属耗材（30#、60#、120#）研磨地面并均匀暴露骨料；使用SealTight®赛尔泰Dense微孔修复工艺填充毛孔。

9）硬化增强及研磨抛光处理

使用SealTight®赛尔泰Harden Pro增加地面强度，为后期的树脂抛光做准备；使用SuperX Resin树脂耗材（30#、100#、200#、400#、800#、1500#、3000#）研磨抛光。

10）表面抗污处理

采用SealTight®赛尔泰Finish对表层进行抗污处理；详细的表层研磨抛光工艺可参照HARDFLOOR®海德弗勒或SUPERFLOOR®舒博弗勒施工工艺。

11）表面憎水润色处理

采用SealTight®赛尔泰Guard对表层进行憎水润色处理。

4.3
预制看台翻新耐候聚脲地坪施工技术

黄龙体育中心主体育场看台分为上看台与下看台，面积共4万余m²，原基层为混凝土。体育看台的翻新力求要符合整体设计指导方针"尊重环境，优化建筑功能，力求建筑形式有所创新，并为建筑的可持续发展创造条件"。上看台区域，因有顶棚遮挡，原基面强度保持较好，旧涂层呈不规则局部脱落，但未有明显漏水现象。上看台涂有薄层的旧涂层，需打磨处理。下看台为露天区域，原基面强度比上看台差，整体有较多龟裂纹现象。部分区域未见旧涂层，部分区域整体涂装弹性涂料，但附着不好，老化、开裂、脱落、破损严重。另外，看台翻修座椅拆除后有较多螺栓需处理到位，另一方面，在原预制梁拼接区域，呈不规则开裂，漏水严重。预制梁缝隙处已经多次采用防水涂膜及防水卷材进行局部防水处理，目前有较多沥青卷材已老化开裂需清理。其他现状：看台为阶梯形，阴阳角较多，局部有大的破损口，旧基层多有开裂现象。整体基面多有破损凹坑，不平整。

原涂装方案不足之处：整体配套性不够好，无论是卷材，还是涂膜，均与基材附着不良，极易脱落；涂膜弹性有，但强度不足，无法作为耐磨耐候面层使用；预制梁开裂处以卷材局部修补，未能有效解决防水问题，卷材老化厉害。

1.耐候聚脲地坪涂装工艺

（1）涂装构造图

耐候聚脲防水涂装构造如图4-6所示。涂层结构剖面如图4-7所示。

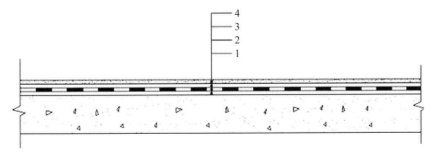

图4-6　耐候聚脲防水涂装构造图
1-底涂；2-修补层；3-弹性中涂层；4-耐候聚脲层

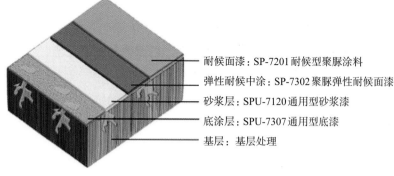

耐候面漆：SP-7201耐候型聚脲涂料

弹性耐候中涂：SP-7302聚脲弹性耐候面漆

砂浆层：SPU-7120通用型砂浆漆

底涂层：SPU-7307通用型底漆

基层：基层处理

图4-7　涂层结构剖面图

（2）基本步骤

1）混凝土基面处理；

2）伸缩缝及裂缝切割；

3）细部构造处理；

4）刮涂底漆；

5）刮涂砂浆中涂；

6）刮涂弹性耐候腻子层；

7）滚涂面漆。

2.耐候聚脲地坪施工方法

（1）基层处理

1）基层检查

基层处理是保证施工质量的关键。聚脲作为一种环保、绿色功能材料在混凝土结构表面通过对混凝土封闭底漆可以有效提高聚脲涂层与基材的附着力。分区域检查基层，对于渗水、空鼓、开裂、损坏等部位，在图纸上进行详细标注。

2）对基面的要求

①新浇混凝土应养护28d以上，表面坚固、不起砂、无空鼓、无起壳。

②混凝土强度：抗压强度应大于25MPa（用回弹仪测定回弹值≥32MPa）。

③含水率：≤8%（混凝土表面含水率测定仪）或薄膜封闭法检测无明显水珠。施工前对基面含水率进行检测。

④地面平整度要求：2m靠尺落差不大于3mm。

3）基层清理和清洁

清理基面杂物，如原有防水卷材等。清除原有座椅钉子，钉子根部要低于地面，并做防锈处理。彻底清洗、清除基面上所有灰尘、浮浆、现有漆层、风化物及分泌物、模板油、液压油与燃油、制动液、油脂、菌类、霉菌、生物残留物和可影响良好粘结性的其他污物，确保每道涂料施工的工作基面干净。渗入混凝土深层的油污须彻底挖掉、清除，再用混凝土修补砂浆填补顺平。表面滞留水分应在施工前彻底清除，充分干燥。清除其他可导致涂料固化粘结不良的因素。剔凿通道楼梯防滑条，注意剔凿到位。将基面清理干净后，将垃圾运走。

4）基层打磨、抛丸

用2m靠尺和塞尺全面检测地面平整度，明确标示高凸之处。用吸尘研磨机配金刚磨块打磨混凝土基面，清除水泥浮浆和水泥疤，并将标示的高凸之处磨平。

一边打磨一边用靠尺和塞尺检查平整度，高凸之处应用吸尘研磨机磨平，尽量在打磨阶段提高地面平整度，降低后续修补找平工作量和成本。打磨基层2～3遍，立面打磨要细致，注意打磨到位，不留死角，打磨粉尘及时清理干净。看台基层处理如图4-8所示。

图4-8 看台基层处理

用吸尘抛丸机处理地面，露出坚实清晰的混凝土纹理，提高地面粗糙度（CSP），增强油漆与基面的附着力。抛丸时调整好抛丸力度和行走速度，防止过度抛丸；所用的钢丸直径以0.5mm为宜。

（2）座椅底座预埋

在基层修补期间，由座椅安装队伍将座椅支座安装到位，并将外露的座椅支座用保护件包裹密实，避免在聚脲施工过程中污染座椅支座。

（3）切缝、补缝

混凝土基面的伸缩缝及0.2mm以上的裂缝均需扩缝，以原有的伸缩缝及裂缝为中心切V形缝，缝宽度和深度均为10mm。用吸尘器、毛刷或气枪清理干净缝隙间的灰尘、颗粒。空鼓部位要剔凿，进行填缝修补，空鼓深的部位一次不能填补太厚，分多次修补；开裂部位切开进行填缝修补；照明管线线槽等部位进行填缝修补；阳角、踢脚线等破损部位，进行填缝修补，一次不能填补太厚。

用毛刷涂刷SPU通用底漆，底漆干后用SPU砂浆漆或SPU耐候面漆按1:3加入40～80目石英砂填补，填补材料可稍高于地面，砂浆干燥后，用打磨机打磨平整。砂浆的黏度以树脂可填充满砂粒的间隙，且施工后表面露砂为宜。

（4）打底漆

混凝土、钢材、旧环氧、瓷砖基面均须打底，可采用刮涂或滚涂，用专用滚筒辊涂底漆，涂刷均匀，不能漏涂，阳角、阴角、踢脚线等部位用专用刷子涂刷。硬度高于C35混凝土的地面须刮涂，硬度特别高的地面，建议加入20%重量的80～120目细石英砂刮涂。看台底漆涂刷如图4-9所示。

图4-9　看台底漆涂刷

裂缝、空鼓、修补过的部位，用防水聚脲底漆粘贴高性能防水聚酯布，注意将聚酯布压实、压平。看台整体粘贴聚酯布如图4-10所示。

图4-10　看台整体粘贴聚酯布

打底遍数须根据基面强度状况调整，直至打足打透，局部发白须补打，直至混凝土无局部发白现象。对于局部特别疏松的混凝土基面，要一次打足至充分渗透，但表面不得有积液。各涂层厚度见表4-1。

看台聚脲涂装系统各涂层厚度　　　　　　　　表4-1

工序	工艺名称	工艺说明	遍数	涂层厚度（mm）
1	底漆	辊涂高渗透性防水聚脲底漆	1	0.15
2	基层修补，粘贴聚酯布	粘贴防水防开裂聚酯布（采用防水聚脲底漆）	1	0.30
3	中层漆	批刮弹性聚脲中层漆	2	1.25
4	耐候面漆	辊涂弹性耐候聚脲面漆	1	0.15

工序	工艺名称	工艺说明	遍数	涂层厚度（mm）
5	耐磨面漆	辊涂弹性耐磨聚脲面漆	1	0.15

整体聚脲涂装系统厚度：2mm

（5）刮涂中层砂浆

根据基面状况及厚度要求用SPU砂浆漆按1:0.4～1:0.6的质量比加合适粒径的石英砂搅拌均匀后，满刮多遍至平顺度和厚度达到设计及规范要求，刮涂完毕，表面无砂眼，无泛白及起砂，局部有缺陷时须用SPU砂浆漆进行处理。中层砂浆可增强地坪抗冲击、抗压及抗开裂等性能，保证地坪的经久耐用，达到设计使用要求。看台聚脲砂浆层涂刷如图4-11所示。

图4-11　看台聚脲砂浆层涂刷

对较大面积的修补，则采用细石混凝土加$\phi 4@200 \times 200$的钢筋网片修补，并及时养护确保达到设计强度。

（6）中层打磨

中层砂浆干燥后用无尘打磨机或砂皮机整体打磨地面，清除滴落的砂浆及刮刀痕迹，局部严重部位用角磨机或打磨机多次打磨至平滑。墙边、柱边、设备边缘处需用角磨机或磨边机处理至平滑。整体施工完毕后，不得有点状、块状、条状凸起，不得有较深打磨痕，手感平滑。中层聚脲砂浆整体打磨及无尘打磨机如图4-12所示。

（7）刮涂弹性耐候面漆

将SPU弹性耐候面漆配适量石英粉，用电动搅拌机混合均匀后，均匀刮涂在砂浆层上，要求无砂粒、刮痕。

双组分混合后，应于20min内使用完毕。如需重涂，须在24h内完成，以保持良好的附着力。批刮两遍，间隔时间视天气情况3～4h，隔天干燥后打磨并清理干净。

图4-12　中层聚脲砂浆整体打磨及无尘打磨机

（8）滚涂面漆

SPU耐候面漆按规定比例混合均匀后整体滚涂两遍，达到色泽一致、丰润；在墙边、柱边、机器边用专用滚筒辊涂面漆，注意辊涂均匀，不要漏涂，小心涂刷，以防弄脏墙边或机器，阳角、阴角、踢脚线等部位用专用刷子涂刷。面漆涂刷如图4-13所示。

图4-13　面漆涂刷

面漆用量与基面状况和表面纹理相关，用量较小时，要求基面状况平顺、良好，表面桔纹细小。SPU耐候面漆应在混合均匀后20min内用完。如需重涂，须在24h内完成，以保持良好的附着力。面漆整体完成后效果如图4-14所示。

3.施工技术重难点分析

（1）座椅固定螺栓的处理

原椅子拆除后基面上留下不少锚固的钉子，若钉子已松动，直接拔掉后用砂浆漆进行封闭孔洞处理，若钉子不好拆除，则锯平露出的部位，并用专用底漆进行除锈处理。本项目所采用的通用型底漆具有在混凝土基面及金属基面都附着优异的特性，在金属基面可带锈涂装。

图4-14 面漆完成后观感

（2）卷材基面的处理

原基面为了提高看台的防水功能，有些部位涂装了防水涂料，裂缝部位在防水涂料上面，规整铺贴了防水卷材，聚脲整体施工前要将原老化松脱的卷材清理干净，残余的胶粘剂或基面处理剂须用酸冲洗干净；所有的裂缝须切割成10mm宽、10mm深的V形槽扩缝。

（3）看台进出口墙体及与看台相连的墙体的防水处理

现场情况分析：雨天后墙根处有部分区域有水渗出，看台处也有部分区域发现水渗出现象，凿出表层发现内部潮湿严重。分析基材内部不密实，窜水严重。原混凝土基材增设有钢筋箍和钢筋网格条，内部渗水会造成钢筋锈蚀，加重基材开裂现象。

因此除了看台表面要做好防水，与看台相连的墙体部分均需做好防水，以防止每次下雨，雨水沿着墙体内部流到看台内部，即使耐候面层能防水，因内部窜水，也影响了整体防水效果。施工时，看台后墙体区域，防水涂层翻过墙头。看台中间相连墙体区域，墙体两侧及墙头进行整体防水包裹。

（4）裂缝及伸缩缝的处理

上看台和下看台均切有伸缩缝，在预制板接缝处均有不同程度的裂缝。用切割机将裂缝扩大成10mm宽和10mm深的V形槽，用毛刷或吹风机清理干净后，用通用型底漆涂刷，再用SPU砂浆漆按照1:1加入石英砂搅拌均匀后填补裂缝，要求填补后，漆液可充满石英砂空隙，同时，表面可看到石英砂颗粒，以同时满足抗裂和快速固化的需求。

裂缝修补后，砂浆高出地面的部位用角磨机打磨至与整体基面平齐。

原伸缩缝未产生裂缝，状态保持完整，不再进行扩缝调整。

裂缝修补平整后，在裂缝和伸缩缝的上面，用SPU通用底漆铺贴300mm聚酯纤维布，裂缝应位于聚酯纤维布正中位置。聚酯纤维布应铺贴整齐，用滚筒滚平，避免空鼓和毛边。干燥后用角磨机磨平翘边。聚酯纤维布上面应少刮一遍砂浆，以找平与大面的高差。

（5）开裂及空鼓的处理

看台立面在一定的位置埋有钢板，钢板锈蚀后，混凝土产生开裂和空鼓。用电镐清除开裂和空鼓部位，露出生锈的钢板，并将散落的混凝土清理干净，将内部水分充分晾干或烘干。

用铲刀将松动的铁锈铲除干净，用专用底漆涂刷钢板，将钢板完全封闭，不得漏涂。

底漆干燥后，用聚脲修补腻子将孔洞修补平整。如孔洞较深，可分多次修补至与基面平齐，凸出部位用角磨机打磨平整。

（6）破损边角的处理

因为看台使用年限较长，阳角部位有破损，整体面漆施工前须对阳角部位进行修补，修补须同时考虑美观及强度，防止再次破损，避免施工时流挂。因此材料的选择至关重要。

为满足要求，破损部位须用通用底漆打底后，再用聚脲修补腻子处理平整。

（7）下看台起砂基面的处理

由于下看台经受雨水腐蚀、阳光照射及碳化作用的长期影响，表面起砂、麻面，为保证翻新表观的一致，下看台应在整体刮涂面漆腻子之前，用修补腻子处理平整，修补腻子须在底漆干燥后施工。

（8）内部水分排出细节处理

由于看台结构复杂，不排除上部水分渗入地面的可能性，为避免砂浆下部水分在温度较高时水分蒸发导致气压上升造成漆膜起泡，在看台立面需设置内部倾斜向上的排气孔，排气孔直径约10mm，深30mm，角度约60°，开口向下。排气孔应避开预制板接缝部位。

（9）涂层间隔时间

两层耐候面漆需在24h内施工完毕。现场施工若因下雨、刮大风等天气原因影响正常操作流程，或因其他安排导致间隔时间超过设计要求，需重点关注耐候面层两层之间的附着。在施工后续耐候面层前24h内在原涂层上辊涂一遍0.1～0.15mm厚的胶粘剂。在辊涂胶粘剂前，原涂层要进行清洁和打磨处理。胶粘剂施工后一般在3～24h内进行后续涂层施工。

（10）细节部位处理

节点指容易引起结构变形、温差变形、干缩变形等的薄弱部位，同时也是应力较集中的地方，必须要加以综合处理，以提高其抵御破裂的能力。根据类似项目施工经验，看台工程更多是阴阳角的处理，按下列细部构造节点图进行施工。

1）底漆在基面的处理

根据不同材质做相应的基面处理，施工底漆，收头部位高于基面约10cm，施工SPU材料时，砂浆漆批刮以增加强度，罩面漆进行平滑过渡。基层处理如图4-15所示。

2）阴阳角的处理

阴阳角应进行平滑处理。对于阳角，用打磨机或切割机处理使其形成平滑倒角；

对于阴角应用砂浆填补形成平滑倒角。阴阳角的处理如图4-16所示。

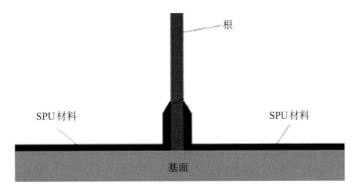

图4-15　基层处理

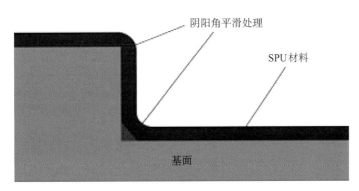

图4-16　阴阳角的处理

3）横向排水管的处理

对于横向排水管，需使用砂浆将水管两侧填补，形成平滑面，养护固化后，按正常基面进行处理。排水管的处理如图4-17所示。

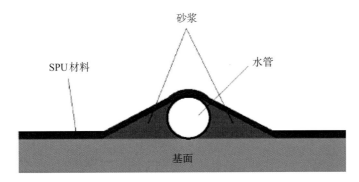

图4-17　排水管的处理

4）收边处理

收边主要是墙根处的收边，本方案采用开槽收边法，开槽位置齐瓷砖下沿，施工SPU面涂进行封闭。收边处理如图4-18所示。

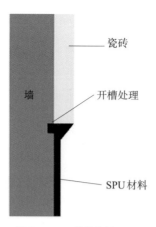

图4-18　开槽收边处理

4.4
SP彩绘沥青基础面施工技术

本工程露天环道沥青路面采用SP彩绘沥青基础路面，总规模约25000m²。彩绘沥青效果如图4-19所示，施工图如图4-20所示。

图4-19　彩绘沥青效果图

图4-20　彩绘沥青施工图

SP彩绘路面剖面如图4-21所示，包括夯实的素土层1、设在所述素土层1上的水泥砂砾层2、设在所述水泥砂砾层2上的沥青层3，所述沥青层3上设有彩绘层8，所述彩绘层8包括依次设置在所述沥青层3上的底层4（StreetBond 120A/B涂料）、加强层5（StreetBond 150A/B）、彩绘涂层6以及保护膜层7（StreetBond保护膜），所述彩绘层8为高分子聚合物涂料和高强度耐磨骨料的混合物。

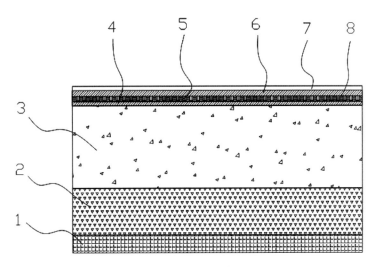

图4-21　SP彩绘路面剖面图

1. SP彩绘沥青的特点

本工程采用高分子聚合物涂料和高强度耐磨骨料对沥青路面进行彩色涂装，涂装后可使沥青路面增添色彩，涂装效果具有高强度、高耐磨、高延展性、高粘结力、高抗污性等特点。SP尖端的高分子聚合物彩绘技术的应用使沥青路面具有丰富的造型及赏心悦目的色彩，既有保护路面，又有传统沥青路面光彩亮丽的特点。该沥青具有以下特点：

（1）抗磨耐用

SteetBond采用最先进的改性环氧配方，其抗磨损、抗冲击性远远高于原路面（被磨损的原因：如果涂料硬度不高，就会极易被磨损。而且很多水性涂料，在潮湿和雨水的浸泡下其磨损速度很快）。

（2）柔韧抗裂

沥青具有延展性，因此表面涂料也须具有延展性，适应剧烈的昼夜温差变化（没有柔韧性的后果：如果涂层太硬，没有丝毫延展性，则会在沥青表面开裂，反而会破坏沥青本身）。

（3）防滑增摩

特殊的防滑技术，保障车辆和行人安全（防滑失效后果：路面涂料如果没有考虑防滑增摩，反而会对行人、车辆形成潜在威胁）。

（4）色泽稳定

采用极为先进的聚合技术和优质的原料，确保色泽经久不变（永不褪色：普通涂料，常常在紫外线作用下发生褪色，从而影响整体设计效果和使用体验）。

（5）抗酸耐碱

StreetBond涂料不会受到机油、汽油、融雪剂等化学品的侵蚀，进而保护底层沥青（道路表面不可避免地接触到各种车辆泄漏液体，如无优异的化学性，则很快就会被腐蚀、破坏）。

（6）绿色产品

全部水性成分，绝无破坏环境的溶剂。可随沥青100%回收利用（某些涂料含有对人体和环境有害的成分，会被市场迅速淘汰）。

（7）维修便捷

维修时，无需整条路面全部抛洗，局部破损，局部维修。

（8）保护沥青路面

沥青如果保持在常温、恒温状态，就会具有延展力，从而减少路面裂纹的产生，且具有抗紫外线功能，减少城市热岛效应，降低路面温度，延长使用寿命，同时SP能降低雾霾的产生。降低城市热岛效应如图4-22所示，降低雾霾原理如图4-23所示。

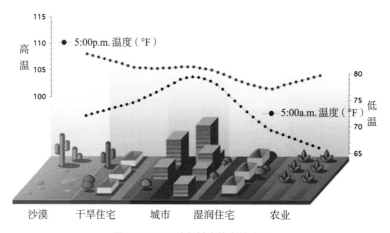

图4-22 SP降低城市热岛效应图

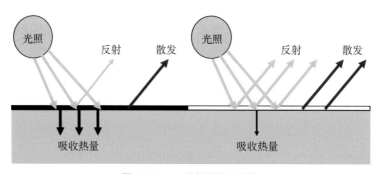

图4-23 SP降低雾霾原理图

2. SP彩绘沥青施工工艺

（1）一般规定

1）沥青要求采用AC-10细粒式改性沥青，沥青摊铺达到平整度、密实度、颗粒直径均匀以及排水性良好的要求。

2）在喷涂区域，对施工过程和养护周期需要进行全封闭，需要甲方帮忙协调封闭工作。

3）施工前，必须要对原路面进行全面检测，如有破损或积水，先修复后再进行后续彩绘路面施工。

4）彩绘路面施工温度应在5～35℃之间且不能在雨雪天、路面潮湿时施工。

5）彩绘路面施工应有良好的劳动保护，根据《公路工程施工安全技术规范》JTG F90—2015相关规定封闭施工区域，确保施工安全。

6）施工过程中应随时对施工质量和施工工序进行检查，并应按规定的频率对检查项目进行抽检。

7）本工程养护期温度30℃以上养护需48h，温度15℃以下养护需96h。

（2）施工准备

1）施工前要根据设计图纸、天气情况、人员安排等因素，制定施工方案。

2）彩绘路面正式施工前应做样板段，让业主和监理单位对设计工艺、色彩和效果进行验证。

3）喷涂之前需要做以下工作：

①检查沥青路面的平整性、密实度和良好的排水性以及雨天是否有积水现象。

②病害处理，如路面有吹尘机不能去除的泥块等污渍，需要用小工具铲手工清除；遇到机油或其他油污需要先用清洁剂去污，然后用清水清洗，最后吹干。

③吹尘，利用汽油吹尘机的强大吹力将沥青路面上尘土及小石子吹出路面，保持路面洁净。

（3）彩绘路面

1）SP沥青彩色路面施工工序

①封闭待施工区域；

②路面清扫、清洗；

③周边粘贴好屏蔽胶纸。

2）利用高分子聚合物涂料进行涂装，涂装步骤为：

①严格按施工工艺进行配料和搅拌，保证搅拌3min。

②喷涂第一道工序为SB（StreetBond）120。

应按照设计图案，在路面上勾画出图案轮廓，确定不同的色彩部位。手持喷枪距离地面宜为30～40cm，枪嘴宜垂直地面以往复螺旋轨迹移动相继喷出底层、面层的彩色涂料；毛刷应跟于喷枪后，将彩色涂料均匀涂刷在划定的区域。

③喷涂第二道工序为SB（StreetBond）150（第一道工序必须充分干燥后，才能进行下道工序）；涂装材料如图4-24所示。

④第三道工序为手工局部彩绘。

按设计图案，手工用细毛刷蘸彩色涂料绘制图案。

⑤喷涂第四道工序为保护层。

（a） （b）

图4-24 涂装材料

（a）SB（StreetBond）120；（b）SB（StreetBond）150

完整的图案涂刷完成后，宜按设计用量在图案上用喷雾器均匀喷洒一层彩色路面保护膜，保护膜产品如图4-25所示。

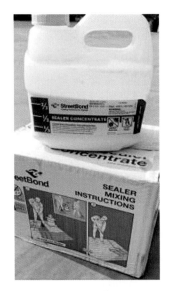

图4-25 保护膜产品图

⑥封闭养护温度30℃以上需48h，温度15℃以下需96h。

⑦应在干燥成型后开放交通。

涂层施工时每种涂料的颜色调配要保持一致，不允许同一颜色局部出现色差，造成整体效果失真；收边涂刷后，收边线要直，不允许出现锯齿状；涂料与面层附着牢固，不空鼓，表面无裂缝；涂层表面的纹路要一致；表面平整，耐磨、防滑满足设计要求。

（4）色彩质量控制

1）施工单位应根据色彩设计进行色彩配制，并应在样板段进行色彩验证。当样板段色彩与设计色彩相差较大时，应分析查找原因，必要时重新进行色彩配制试验，直到样板段色彩与设计色彩一致。

2）涂料拌合时颜料加入量精度应控制为最佳颜料用量的±0.2%。

3）施工中应随时观察色彩变化，发现问题及时处理。

4）施工过程中宜以每50m²为一个点，加强过程控制。

3. SP彩绘沥青主要技术指标

SP（全称StreetPrint）是从美国原装进口的彩色路面涂装高科技产品，具有世界领先的专利技术，获得了国际权威绿色建设安全评估机构（LEED）检测认证。尖端的高分子聚合物涂装技术的应用使沥青路面具有赏心悦目的色彩，既保护了路面，又使传统沥青路面光彩亮丽。该产品具有造型独特、色彩丰富、性能卓越、绿色环保、美化环境等特点。该产品可减少道路热辐射和都市热岛效应，降低路面温度5～8℃，有效节约能源。项目SP彩绘平面图如图4-26所示。

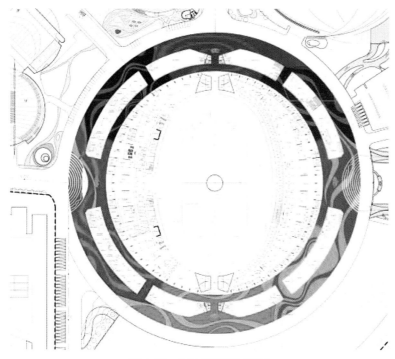

图4-26　项目SP彩绘平面图

彩色涂料的技术要求应满足表4-2的规定，有害物含量应满足国家环保相关标准的要求。

彩色涂料的技术要求　　　　　　　　　　　　　　　　表4-2

检测项目	单位	技术要求	实验方法
涂料外观	—	干燥成型后，颜色、骨料分布应均匀，无裂纹、骨料脱落等现象	JT/T 712—2008
耐水性	—	在水中浸24h应无异常现象	
耐碱性	—	在氢氧化钙饱和溶液中浸24h无异常现象	

检测项目		单位	技术要求	实验方法
涂层低温抗裂性		—	-10℃保持4h,室温放置4h为一个循环,连续做三个循环后应无裂纹	JT/T 712—2008
抗滑性	普通防滑型	BPN	45~55	
	中防滑型		55~70	
	高防滑型		≥70	
基料在容器中的状态		—	应无结块、结皮、易于搅匀	GB/T 3186—2006
凝胶时间		min	≥10	JT/T 712—2008
基料附着性(划圈法)		级	≤4	GB/T 1720—2020
不沾胎干燥时间	快干冷涂型	min	≤60	JT/T 712—2008
	慢干冷涂型		≤300	
莫氏硬度		—	≥16	—
VOC测试		—	≤20g/L	—
喷涂厚度		—	0.8~1mm	—
重金属含量(参照《地坪涂装材料》GB/T 22374—2018中对重金属要求:水性材料)		—	汞＜2mg/kg;镉＜5mg/kg;铬＜25mg/kg;铅＜10mg/kg;不含有苯、甲苯、乙苯、二甲苯	—

SP彩绘路面技术要求见表4-3。

SP彩绘路面技术要求 表4-3

项目		单位	技术要求	检验方法
平整度		mm	≤2	
涂层抗滑性能	横向力系数SFC60	—	≥60	JTG 3450—2019
渗水系数		mL/min	≤10	

彩绘路面结构相对简单,可以大面积应用,应用时注意以下几点:

(1)彩绘路面平整度好、外观漂亮、色彩对比强烈,适用于旅游公路、绿道、自行车道、大型广场、游乐场、停车场、幼儿园等。

(2)彩绘路面的突出优点是美观、醒目、抗滑,作为一种路面结构还应满足普通路面应有的路用性能要求。

(3)彩绘路面涂层,可在各种沥青混凝土路面或水泥混凝土路面上做喷涂彩绘。

(4)彩绘路面图案造型要考虑路面尺寸及与周边建筑、环境的协调。

4.5
半户外彩色地坪施工技术

本项目包括三层看台半户外彩色地面改造，总建筑规模约12000m²，施工工艺为聚氨酯彩色自流平砂浆地坪系统。

工程原地面为旧瓷砖地面，强度牢固、地面平整度较好；原地砖表面打磨、切缝处理后直接铺设水性聚氨酯彩色自流平砂浆，上部施工同色超耐磨聚氨酯罩面，最终完成底面同色的半户外彩色地坪装饰工程，项目户外彩色地坪效果图如图4-27所示。

图4-27　户外彩色地坪效果图

1. 半户外彩色地坪特点

本工程采用彩色水性聚氨酯自流平砂浆＋彩色环氧脂自流平＋彩色超耐磨聚氨酯罩面的地面体系，该体系具有以下特点：

（1）做好后的整体的地面强度高，与基层原瓷砖的结合牢固，可确保至少使用10年的正常使用寿命。

（2）所有地面施工材料均采用环保型材料，不含溶剂及易燃易爆原料，现场施工不存在安全性方面的隐患。

（3）由于采用了超耐磨彩色聚氨酯罩面材料，耐候性、耐磨性和耐划伤性有大幅提高。

（4）由于采用6mm厚度的彩色砂浆自流平＋彩色罩面系统，整体系统为彩色体系，上层罩面面层与下层自流平洗面颜色保持一致，即使表面罩面层被外力破损后颜色也能保持同色，视觉美观度依旧不受太大影响。本系统不会出现半年或一年后漆膜磨损严重出现的地面起皮、掉色等情况，整体的美观效果保持得更长久，大大减少后期保洁的维护费用。

2.半户外彩色地坪施工工艺

（1）地坪结构示意图

半户外彩色地坪结构分为四层，从上到下分别为超耐磨聚氨酯面涂层、聚氨酯砂浆中涂层、聚氨酯面层、聚氨酯底层。地坪结构示意图及剖面图如图4-28、图4-29所示。

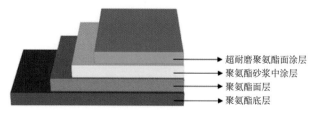

图4-28　地坪结构示意图

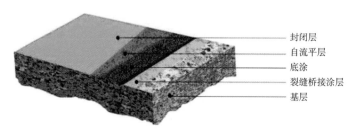

图4-29　结构剖面图

（2）聚氨酯自流平砂浆地坪施工工艺流程

聚氨酯自流平砂浆地坪施工工艺流程如图4-30所示。

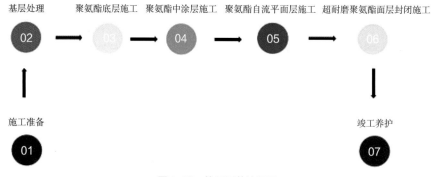

图4-30　施工工艺流程图

（3）瓷砖表面处理

1）基层处理：清理地面，确保素地表面不得有油漆、污垢、油污等妨碍施工之杂物，保证聚氨酯与地面附着力牢固。

2）施工工具：自吸打磨设备、角磨机、吸尘器。

3）施工要求：用自吸研磨机清理打磨平面污垢等杂物，用手持角磨机打磨、清理边角处，吸尘器清理污尘、杂物。

4）注意事项：①地面凸出物用研磨机或角磨机磨平。②地面裂缝需预先切割后用聚氨酯材料补平。瓷砖表面处理如图4-31所示。

重型设备打磨　　　　　　边口用专业设备打磨　　　　　细节部位用手持设备打磨

图4-31　瓷砖表面处理图

（4）细节处理

1）对所有施工区域内的旧瓷砖地面，进行空鼓和渗水点检测，空鼓区域凿除，渗水点及时堵漏烘干。

2）所有裂缝处，进行"V"字形切口，切口处用聚氨酯砂浆填补。

3）对于地面有凹坑、沟槽以及破损不平的基层，采用聚氨酯砂浆填补修平。

4）所有瓷砖接缝处，用专业切割机开槽后清理干净，以便于增加聚氨酯地坪系统的附着力，瓷砖缝隙处开槽如图4-32所示。

5）所有沟边加固区域，根据项目部要求，用聚氨酯砂浆加固。

6）使用清扫工具和工业吸尘器，清理打磨后的基层存留的杂物及尘土，保证旧瓷砖地面和缝隙间无砂石松散物和浮灰，如图4-33所示。

图4-32　瓷砖缝隙处开槽　　　　　　图4-33　工业吸尘器吸尘

（5）基面处理工艺

1）切缝与补缝（开锚固槽）

主要目的：

①清除缝隙中的污染物；

②避免聚氨酯砂浆出现翘边；

③检测地砖强度。

2）施工要点

①使用小型手动切割机将所有原地砖之间缝隙切出浅层缝：缝隙深度约2～3mm，宽度与原瓷砖镶嵌缝相同。

②使用中型专业切缝机按1.5m×1.5m或2m×2m的规格沿着瓷砖间缝隙切锚固缝，缝隙深度、宽度为地坪系统厚度的两倍，例如：地坪系统3.5mm则缝隙深度×宽度为7mm×7mm，需要切除缝隙中所有污染物直至完全发白。

③切缝（开锚固槽）切割缝隙同样可以起到检测地面强度的作用，地砖空鼓和薄弱的位置在切割的时候会脱落，有助于工人提前发现并修补。

（6）聚氨酯砂浆底漆施工

1）主要目的：增加涂层与素地间的附着力，并封闭素地基面。

2）材料：高渗透聚氨酯底漆。

3）施工工具：长毛滚筒、直口镘刀、搅拌器、运输小车、美纹胶带等。

4）施工方法：使用长毛滚筒滚涂及直口镘刀刮涂。

5）注意事项

①施工前需计算材料使用量，依照施工方向及区域选定材料搅拌区和材料配置。

②涂布底涂时用准备好的滚筒均匀地滚涂，将材料均匀涂布、无漏涂。

③门边、墙角、墙脚、机脚等应用毛刷刷涂。

④搅拌后的材料应在可规定使用时间内使用，以免材料固化。

⑤施工期间及养护时间内管制人员进出。

用切缝机开锚固缝后。清理吸尘后使用聚氨酯砂浆整体批刮填实一道（颜色灰色或黄色，厚度1mm），以达到锚固瓷砖作用；干燥后二次整体打磨吸尘清理；填平凹坑、锚固槽，聚氨酯砂浆底涂施工图如图4-34所示。

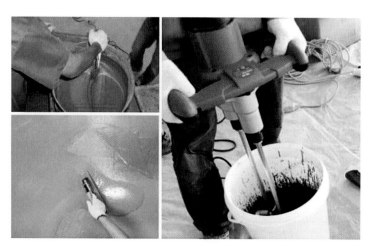

图4-34　聚氨酯砂浆底涂施工图

6）水性聚氨酯砂浆底涂施工工艺

①将搅拌均匀的涂料立即摊铺在混凝土地面上，用齿耙或镘刀将其摊开，镘涂聚氨酯砂浆作为底涂。

②确保底涂施工良好，为保证基层完全被密封，1mm聚氨酯的底涂较适宜。

③材料搅拌好后用镘刀连续铺涂，不能间断；使用耙刀将材料均匀分散于基层上，用镘刀做抹边工作，这一步要尽可能快地完成，以保证材料很好地粘结。

（7）聚氨酯砂浆面漆施工

1）主要目的：初步找平基面，并增加涂层系统的强度。

2）材料：双组分，聚氨酯弹性砂浆。

3）施工工具：镘刀、搅拌器、运输小车、美纹胶带等。

4）施工方法：使用直镘刀刮涂施工。

5）注意事项

①施工前计算材料的使用量，依照施工方向及区域，配合施工路径选定搅拌区。

②按材料标签上规定的比例加入骨架填充料，搅拌均匀后熟化10min以上再进行刮涂施工。

③刮涂施工要注意施工接缝，保证下道工艺不受接缝影响。

④施工中发现杂质应立即去除。

⑤施工期间及养护时间内管制人员进出。聚氨酯砂浆面漆施工如图4-35所示。

图4-35　聚氨酯砂浆面漆施工

按设计施工图纸现场定标放线及粘贴分隔胶条一色两次，同步进行彩色聚氨酯自流平砂浆镘涂铺装（按设计要求分色施工），色彩导向方案如图4-36所示。

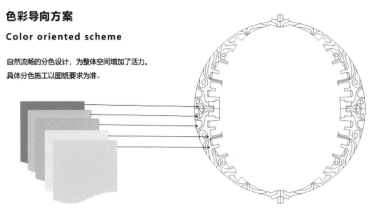

图4-36　色彩导向方案图

6）施工要点

保持整个施工流程中各时间统一，地面温度20℃时，不要超过操作时间25min（搅拌-运料-摊铺-消泡），否则面层会出现表观不均匀、色差等现象。

（8）二次打磨封闭底漆

聚氨酯面漆干燥24h后整体打磨清理吸尘，整体封闭无溶剂环氧底漆一道，如图4-37所示。

图4-37　二次打磨封闭底漆图

（9）无溶剂环氧洗面层

按设计施工图纸现场定标放线及粘贴分隔胶条一色两次，同步进行无溶剂环氧自流平镘涂铺装，如图4-38所示，设计要求如图4-39所示。

（10）超耐磨聚氨酯罩面层

1）目的：制作高耐磨、耐候、耐黄变的优异面层。

2）材料：双组分，高性能，水性，符合VOC要求的聚氨酯涂层。

3）施工工具：滚筒、平口抹刀、钉鞋、美纹胶带、搅拌器、运输小车。

4）施工方法：使用平口抹刀刮涂和滚筒相结合的方法施工。

①施工前，计算出材料用量。

图4-38 无溶剂环氧自流平镘涂铺装图

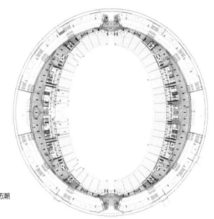

图4-39 设计要求

②按材料标签上规定的比例搅拌均匀后施工。

③施工中发现杂质应立即去除。

④雨天或相对湿度大于80%时,不宜施工。

⑤施工期间及养护时间内管制人员进出。

(11)按设计要求切割伸缩缝及填胶

切割伸缩缝及填胶按照设计要求进行施工,填胶完成后效果如图4-40所示。

图4-40 填胶完工效果图

（12）成品保护，进行整体保洁及交付

1）目的：保护已竣工的地面。24h后可通行。

2）施工工具：警示牌等。

3）操作方法：

①封闭施工现场，张贴醒目的警示牌等，以保证在养护期内无人员进入。

②检查水管消防水管等，以防止有水进入现场。

（13）施工过程中材料使用的注意事项

1）在需要分隔保护的区域粘贴美纹纸双面胶进行防护隔离。

2）将聚氨酯砂浆所有组分材料依次放入搅拌桶后用双头搅拌机搅拌均匀。

3）具体搅拌程序：

将A组分放入搅拌桶，在放入A组分前，宜将其倒置或摇匀。将B组分放入搅拌桶后，均匀搅拌30s左右。

4）搅拌机的搅拌速度设定在400rpm左右。

5）用小平板车迅速地将搅拌好的浆料运送并全部卸载到作业区域上，同时将桶内残留的浆料刮干净。

6）用齿口镘刀刮涂到合适的厚度（2mm），在两组浆料衔接处，一定要用另一边平口回刀，以避免留下镘刀痕迹。

7）用消泡滚筒来回两遍轻轻滚压刚做好的地坪表面，促使浆料流动的同时，减少气泡，使表面更加平整，随刮随滚，避免留下滚筒痕迹，在两组浆料衔接处，不超过上一组的10cm。

8）为保证地坪表面的平整，镘刀或消泡滚筒施工必须在浆料拌好后的10～15min内完成。

9）及时清除美纹纸双面胶，使作业面边缘圆滑。

10）消泡过程中，滚筒尽量顺着墙边方向滚动，到墙边时应慢速滚动，避免浆料甩到墙面。

根据设计要求，本工程聚氨酯砂浆标准不低于国家建材行业《水性聚氨酯地坪》JC/T 2327—2015部分指标，达到欧洲相关标准。

3.半户外彩色地坪主要技术指标

（1）产品介绍

水性聚氨酯砂浆，由A、B、C三组分或D（色浆）四组分，即水性聚氨酯树脂、固化剂和含有无机活性材料及色粉的增强骨料组成。游离二异氰酸酯（TDI、HDI）含量为零，是环境友好型产品。其中，它内部的高强度无机骨料使之成为目前世界上公认的超硬地面，尤其在抗冲击力、超高承载及耐磨上，是目前一般地坪系统的5～10倍以上；其聚氨酯成分比其他无机地面系统具有更广泛的抗化学品腐蚀性，对强酸、强碱及各类盐溶液都有良好的性能表现。

水性聚氨酯砂浆成分，能最大限度地解决地表和地下水汽的破坏问题，也被称为可以呼吸的地面系统，可在相对潮湿的水泥地面上施工（含水率<10%）。

水性聚氨酯砂浆地坪有以下一些特性：

1）抗压、抗折强度高，尤其是抗冲击性能突出。

坚韧且粘结强度好，具有良好的防止脱层和开裂的性能，可以整体做成无缝地坪。

2）耐高低温性能，可在-40～120℃下长期使用。

3）可呼吸性，水蒸气可渗透，可避免因基层水汽引起的起泡和脱层。

4）耐化学品性，可耐各种酸碱及大多数化学品。

5）环保性、无味、无毒，符合严格的卫生健康标准。

6）耐老化、耐候性好，使用寿命可达10年。

7）优异的施工性，快速固化，快速使用。

（2）具体技术要求

1）聚氨酯砂浆的颜色可按设计要求进行调整，表面为半哑光。

2）聚氨酯砂浆自流平层与无溶剂环氧自流平洗面层平均厚度5mm，超耐磨彩色聚氨酯罩面漆一遍。

3）聚氨酯砂浆材料的强度要求：

抗压强度≥50MPa（28d强度）；

抗折强度≥20MPa（28d强度）。

4）聚氨酯砂浆材料的耐磨性要求达到《水性聚氨酯地坪》JC/T 2327—2015的要求，≤0.15g（500g/100rpm）。

5）聚氨酯砂浆材料与基层混凝土的粘结强度大于2.0MPa。

6）聚氨酯砂浆材料的流动度要求达到《水性聚氨酯地坪》JC/T 2327—2015的要求，流动性能为不小于130的规定。

7）聚氨酯砂浆地面的耐火等级：B1级不燃材料。

8）聚氨酯砂浆地面的水蒸气渗透性要求：Ⅲ级（达到EN7783-2）。

9）水性聚氨酯砂浆的干燥硬化时间：

20℃，8h走人，完全开放交通时间2d。聚氨酯砂浆的防滑性能＞R9（DIN 51130），涂刷超耐磨聚氨酯面漆后防滑性能＞R10（DIN 51130），聚氨酯砂浆具有良好的耐酸耐碱耐高低温的性能。水性聚氨酯砂浆地面铺设完成后，表面做超耐磨彩色聚氨酯罩面漆。

（3）超耐磨聚氨酯罩面性能指标不低于以下要求：

1）硬度：铅笔硬度（擦伤）≥5H。

2）耐磨性（750g/500R，失重g）≤0.03。

3）耐水性48h无变化。

4）防滑性（干摩擦系数）≥0.5。

5）耐油性（120号溶剂油，72h）：不起泡、不剥落、允许轻微变色。

6）耐碱性（20%氢氧化钠，72h）：不起泡、不剥落、允许轻微变色。

7）耐酸性（10%硫酸，48h）：不起泡、不剥落、允许轻微变色。

4.6
双曲面幕墙施工技术

本工程中的健身服务用房为双曲面建筑结构，幕墙工程主要分为玻璃幕墙、铝板幕墙、石材幕墙，其中健身服务用房的立面图如图4-41、图4-42所示，幕墙工程的效果图如图4-43所示。

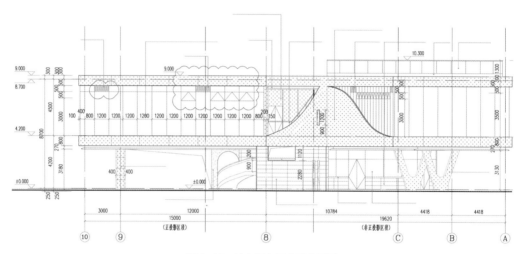

图4-41　健身服务用房西立面图

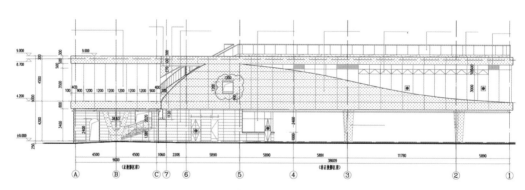

图4-42　健身服务用房北立面图

图4-43　健身服务用房幕墙装饰效果图

涉及材料的规格、型号如下。

（1）玻璃

1）所有玻璃应进行三边细磨或三边抛光处理，其倒棱宽度不应小于1mm。

2）夹层玻璃应采用干法加工合成，其夹片应采用聚乙烯醇缩丁醛（PVB）胶片，表中胶片厚度应根据选择玻璃厂家的加工工艺及技术要求最终确认加工厚度。

3）用于雨篷、采光顶、室外栏杆等处夹层玻璃，采用PVB胶片且有裸露边时，其自由边应采用专用封边剂封边处理。

（2）铝板

板材表面应进行氟碳树脂处理，氟碳树脂含量不小于75%，平均膜厚大于40μm。氟碳树脂涂层应无起泡、裂纹、剥落等现象。板折边最小半径应保证折边部位的金属内部结构及表面涂层不遭到破坏。

1）单层铝板：外墙采用2.5mm厚单层铝板，层间背衬板采用2mm厚单层铝板，牌号为3003，试样状态为H24。

2）蜂窝铝板：采用25mm厚蜂窝铝板。蜂窝铝板的上下层铝合金板厚度均为1.0mm，铝合金板与夹心层的剥离强度标准值应大于7N/mm。蜂窝铝板的燃烧性能等级为A级。

（3）石材

本工程石材幕墙采用25mm厚光面花岗石板材。石材荒料的物理性能指标应符合下列规定：吸水率不大于0.6%，弯曲强度平均值不小于8.0MPa；石材体积密度不小于2.56g/cm^3，干燥压缩强度不小于100MPa。同一颜色石材应取自同一矿脉。石材表面采用有机硅石材防护液进行6面防护处理。倒挂石材内表面需铺设安全防护网，安全防护网为耐碱玻璃纤维布和环氧树脂胶，采用一布二胶的做法，总厚度不小于1mm，耐碱玻璃纤维布采用无碱、无捻24目的玻璃丝布。

本工程采用28mm蜂窝石材，由8mm花岗石石材与20mm铝蜂窝芯粘结而成。蜂窝石材的物理性能指标应符合下列规定：弯曲强度不小于18MPa，压缩强度不小于1.5MPa，滚筒剥离强度平均值不小于50N·mm/mm，最小值不小于40N·mm/mm。厚度偏差：±0.5mm，平面度偏差：±1.0mm。

1.玻璃幕墙安装技术及工艺

（1）施工准备

施工作业面已具备施工作业条件；材料、人员、机具已落实到位，对工人技术交底也已落实。

（2）构件安装工艺

1）钢连接件安装

作为外墙装饰工程施工的基础，钢连接的安装首先进行。幕墙支座是与结构上后置埋件相连接的重要隐蔽部件，它的质量好坏对幕墙整体受力及调试有着直接影响，所以在这道工序操作时应严格按照审签图纸及技术规范执行，确保牢固满焊。避免出现漏焊、虚焊。焊后要进行除渣、防锈处理，焊接完后由公司质检部门派出的专职质检员和现场质检员会同甲方及监理公司进行检查验收。验收合格后方能转下道工序。现场质检员和操作人员要做好现场安装、检查过程中的质量检查记录。

玻璃幕墙与主体结构连接的钢结构件采用三维性可调连接件，特点是对埋件安装要求精度不高，安装玻璃幕墙骨架时，上下左右及幕墙垂直、平面度等可作相应自由调整。一般钢连接件的标高误差不大于3mm，埋件轴线与玻璃幕墙轴线距离偏差不大于5mm，水平方向的左右偏差不大于3mm。

立柱安装校正后，及时进行满焊补焊，焊缝必须饱满密实，不得有夹渣、气孔、虚焊等焊接缺陷。

资源需求：施工图、水准仪、吊锤、钢连接件、电焊机、电焊条。

关键工序：定位准确、点焊固定。

2）龙骨安装

本工程的玻璃幕墙为外挂式铝龙骨结构。对后置埋件或钢连接件安装验收合格后进行骨架安装。一般先安装立柱，因为需与主体结构相连。只有在立柱固定后才可安装横梁，这能很好地保证横竖杆的直线度和横杆的伸缩缝，在安装过程中检查人员随时要查看型材的表面保护情况。

龙骨安装时，首先将竖框与转接件镀锌钢角码连接，转接件再与主体结构后置埋件进行调整、固定。按竖框轴线及标高位置将高度偏差调至不大于2mm，轴线内外偏差不大于2mm，左右方向偏差不大于3mm，相邻两根竖框安装距离偏差不大于1mm，同层竖框的最大标高偏差不大于5mm，同时保证竖框的表面高低偏差不大于1mm，符合质量要求后满焊固定。然后，安装玻璃幕墙横梁，同一层的横梁安装由下向上进行，当安装完一层高度时，进行检查、调整、校正、固定，符合质量要求后拧紧螺栓和螺母，并在竖框和横梁之间缝隙处涂胶。总体要求为，竖向构件的垂直度不大于15mm，横向构件的水平度不大于2mm，竖向构件的外表面平面度不大于5mm，使其符合设计和质量要求。

现场螺栓紧固构件后，要及时进行防锈处理，幕墙中与铝合金接触的螺栓及金属配件要采用不锈钢制品，不同金属接触面要采用垫片做隔离。

幕墙设计必须考虑地震效应，做到"小震不坏，中震可修，大震不倒"。所有硬性接触处，均采用弹性连接，提高了幕墙的抗震性能，同时减少了伸缩噪声。

测量要在风力4级以下进行，每天进行校核，确保幕墙的垂直及立柱位置正确。

资源需求：施工图、设计交底、幕墙杆件、螺栓、螺钉、手工工具、力矩扳手、水准仪、水平靠尺、电焊机和电焊条等。

关键工序：确定竖框位置及横梁装配位置，焊接工艺。

3）玻璃板块安装

根据设计图纸，明框玻璃幕墙玻璃直接从加工厂家运送至施工现场，对每个板块在整个建筑立面的位置做相应的编号，现场安装时应先对清编号，运到相应的位置，排放在易安装搬运且不易受损之处，确保幕墙板块放置不受损害和污染。墙板块放置时，下部要用垫木，并派有关人员巡视，确保不能随意让其他材料靠在板块上。

玻璃板块安装前将表面尘土和污物擦拭干净，以避免在使用吸盘时发生漏气现象，保证施工安全。镀膜玻璃应注意检查，所采用的镀膜玻璃其镀膜面朝向室内。使用吸盘将板块放在带支托口压块上，下部垫有橡胶垫，并用不锈钢螺钉通过压块压住玻璃板块。

调正上下左右的间隙，使之保证竖向横向连缝。用水平尺靠在横料上，检查水平状况。

运用标高线，引于该板块，以确定该板块标高位置，然后拧紧连接螺栓，固定板块。

幕墙单元组件安装完毕或完成一定单元时，对尺寸进行复核，调整完毕后，对缝隙进行填缝处理，先将填缝部位用清洁剂按规定的工艺流程进行净化，塞入泡沫条，在两侧玻璃、型材上贴宽12.7mm的美纹纸，用硅酮耐候密封胶填缝。注胶做到耐候胶与玻璃粘结牢固，玻璃与玻璃或玻璃与铝板之间缝隙用耐候胶封胶封缝，并使用修胶工具修整，之后揭除遮盖压边胶带，并清洁玻璃及主框表面，保证胶缝平整光滑美观。

资源需求：加工图、玻璃面板、胶接材料、填充材料、不锈钢螺钉、手工工具、注胶枪、水准仪、水平靠尺等。

关键工序：为保证玻璃板块安装质量，该工程玻璃必须由同一厂家加工处理，符合国标规定。安装时应保证玻璃与玻璃之间的平整度。

保证玻璃与玻璃之间的平整度的技术措施：

由于玻璃在钢化加工时，容易产生变形，我公司必须选择质量有保证的玻璃加工厂进行加工。

玻璃在安装时，先把玻璃板块预装，然后用水平靠尺测量水平度，调整好后固定板块。

安装人员在玻璃板块安装时，随时进行自检，发现问题及时解决。

4）铝合金幕墙装饰扣条安装

幕墙玻璃用压块固定后安装铝合金扣条，线条安装时底座已安装于玻璃表面，底座经过调整后固定，安装金属扣条，打胶密封。

5）安装开启扇

用螺栓将活动窗框固定在幕墙框上，用涂胶填满幕墙连接窗框的四边，用抽芯铆钉或螺栓将开启窗扇（连玻璃片）固定于窗框上。

6）注耐候密封胶

注胶前，必须选用二甲苯溶剂对基材表面进行清理，注胶应密实。注胶不准有漏缺、气泡存在，并视气候温度及时刮平、修整。

下雨天，阵风在5级以上或伴有风沙，夏天正对直射阳光及气温0℃以下时不允许注胶。

资源要求：清洁剂、清洁布、纸胶带、结构胶、耐候胶、刮胶铲、胶枪、大型双组分注胶机。

关键工序：胶缝清洁、注胶。

技术要求：清洁剂以选用二甲苯为宜，清洁布应选用42支纱以上棉布为好；清洁胶缝后，应尽快注胶，避免落灰。现场要派人跟踪并检查清洁质量。注胶要饱满、连接，防止产生气泡。收胶要光滑流畅。抽样做耐候胶的粘结试验，并做好记录。

7）防火安装

在幕墙框架与工程建筑主体交接之处做封修处理，其材料选用镀锌板。首先根据封修节点结构把封修板加工成设计要求的形状。安装时一侧用抽钉或自攻钉与框架连接在一起，另一侧与主体保持足够的接触面，用射钉固定。

资源需求：设计图纸、镀锌钢板、折弯机、角钢、拉铆枪。

关键工序：镀锌板弯制、安装。

（3）清洁收尾

清洁收尾是工程竣工验收前的最后的工序，虽然安装已经完成，但为求完美的饰面质量此工序不能随便应付，必须花一定的人力和物力。

玻璃表面的胶痕和其他污染物可用刀片刮干净并用中性溶剂洗涤后用清水冲洗干净。室内面处的污染物要特别小心，不得大力擦洗或用刀片等利器刮擦，只可用溶剂、清水等清洁。在全过程中注意成品保护。

（4）验收

每次板块安装时，从安装过程到安装完后，全过程进行质量控制，验收也是穿插于全过程中，验收的内容有：板块自身是否有问题；胶缝是否横平竖直；胶缝大小是否符合设计要求；压块固定属于隐蔽工程的范围，要按隐蔽工程的有关规定做好各种资料。

2.铝板、石材幕墙安装技术及工艺

（1）施工准备

铝板、石材饰面的施工准备参考玻璃幕墙施工准备。本工程部分铝板、石材幕墙安装在混凝土梁结构外侧。

（2）构件安装工艺

1）连接件安装工艺

连接件的部分作用是将幕墙与主体结构连接起来，故连接件的安装质量将直接影响幕墙的结构安装质量。连接件与埋件直接焊接，必须保证焊接质量。

2）钢龙骨安装

钢龙骨采用热镀锌型钢。构件焊接质量要求：焊缝表面不得有裂纹、焊瘤、夹渣、未焊满、根部收缩等缺陷。焊缝感观应达到：外形均匀、成型较好，焊道与焊道、焊道与基本金属间过渡较平滑，焊渣和飞溅物基本清除干净。

所有主龙骨安装完后要进行检查，达到要求后再进行除渣。除渣完毕后，所有焊接部位刷防锈漆三遍进行防锈防腐处理。

3）铝板、石材安装

①铝板、石材初安装

将分放的铝板、石材分送至适当位置，按施工图将铝板、石材板块挂于龙骨固定，收口处铝板自攻螺栓固定，螺距≤300mm。按设计图留好缝隙，应测量准确，其允许偏差为±2mm。打胶前须贴好保护胶纸，保证胶缝横平竖直、胶面平整。

②调整固定

铝板、石材初安装后就对板块进行调整，调整的标准，即横平、竖直、面平。横平即横梁水平，胶缝水平；竖直即挺立垂直、胶缝垂直；面平即各板块在同一平面内或弧面上，各处尺寸是否达到设计要求。调整完成后马上要进行固定。拧紧螺栓，杜绝松动现象。

③打胶

施工前需先贴好保护胶纸，保证胶缝横平竖直、胶面平整。

（3）验收

验收的内容有：板块自身是否有问题；胶缝是否横平竖直；胶缝大小是否符合设计要求。

（4）健身服务用房的曲面蜂窝铝板是本工程铝板幕墙的难点。

1）铝板在南面转东面位置，由南面的垂直方向转为东面的水平方向，呈现上下弧度，而且进出面均不一样，难以找到基准点，也无法带通线，项目研究决定采用犀牛建模，根据图纸结合现场轴线，采用对角线方式，寻找每根主龙骨位置，根据犀牛软件确定次龙骨与主龙骨位置关系。需根据铝板能生产的最大规格合理分割铝板尺寸。

2）为保证外立面效果，骨架型材及蜂窝铝板均需弯曲，需计算每根骨架及蜂窝铝板的弯曲半径并加工成型。在第一块弯曲铝板位置根据犀牛软件中各基准点的位置确定钢龙骨的空间位置，然后依次确定各龙骨定位点。钢骨架焊接完成并做防腐处理后再进行保温及防水施工，完成后再安装铝龙骨和面层的蜂窝铝板。面层的蜂窝铝板按软件中的尺寸制作，送到现场后按编号安装。

3. 幕墙设计性能指标

（1）抗风压性能，达到标准规定的1级要求；

（2）水密性能，达到标准规定的3级要求；

（3）气密性能，达到标准规定的3级要求；

（4）热工性能，透明玻璃幕墙达到标准规定的4级要求，实墙位幕墙达到标准规定的8级要求；

（5）遮阳性能，达到标准规定的5级要求；

（6）平面内变形性能，健身服务用房达到标准规定的5级要求，其余达到标准规定的3级要求；

（7）空气隔声性能，达到标准规定的2级要求；

（8）耐撞击性能，达到标准规定的2/3级要求。

4.7
超高曲面塔楼外墙翻新技术

　　外立面修复主要是对体育场外墙面进行基层及涂料的装饰改造，体育场外墙基层饰面情况一般，在经历了十几年的时间变化之后，外墙涂料面层出现开裂、返碱、褪色、起皮、脱落、污染等现象，严重影响了黄龙体育中心的整体风貌。因此为改变原有破旧外观，使黄龙体育中心整体风貌得到美化提升，需要对体育场外墙饰面全部进行翻新。黄龙体育中心体育场翻新前后外立面如图4-44、图4-45所示。

图4-44　黄龙体育中心体育场翻新前外立面

图4-45　黄龙体育中心体育场翻新后外立面

1.外立面现状情况
黄龙体育中心体育场外立面原做法见表4-4。

体育场外立面原做法 表4-4

序号	部位	原施工做法
真石漆外墙1	体育场外墙、看台栏板、观察室外墙	180mm厚页岩多孔砖墙或混凝土梁柱墙→20mm厚1:3水泥砂浆找平层→高级外墙真石漆涂料
真石漆外墙2	塔楼外墙面	钢筋混凝土外墙→水泥砂浆（50mm厚以上为细石混凝土加钢筋网片）→5mm厚抗裂砂浆（内衬耐碱玻纤网格布）→外墙防水腻子两遍→高级外墙真石漆涂料
涂料外墙3	三层平台外墙面	180mm厚页岩多孔砖墙或混凝土梁柱墙→20mm厚1:3水泥砂浆找平层→外墙涂料
台阶屋面4	室外看台底面（外露部分）	现浇钢筋混凝土板或预制构件、梁→15mm厚水泥砂浆（耐碱玻纤网格布）→外墙防水腻子两遍→浅色外墙涂料

2.外立面修复施工工艺

对新昌县由本公司负责施工的三个项目外立面改造质量情况进行实地走访、考察，并展开专家论证，得到先前的施工方法可以运用到黄龙体育中心改造项目的外立面改造中，外立面考察报告、专家论证会议分别如图4-46、图4-47所示。

图4-46　外立面考察报告

图4-47　专家论证会议

（1）空鼓修补部位外墙真石漆施工工艺：面层检查→剔凿空鼓、开裂抹灰层→基层清理→涂抹混凝土界面剂→水泥砂浆修补打底（50mm以内采用M10水泥砂浆挂钢丝网，50mm以上采用细石混凝土挂 ϕ 2@100×100钢筋网）洒水养护→水泥砂浆面层修补洒水养护（与前道工序间隔不得少于24h）→清扫处理→耐碱渗透底漆一道→外墙腻子专用界面剂两道（内衬耐碱玻璃纤维网格布一道）→外墙防水腻子两道→外墙防水腻子收光→打磨→抗碱封闭底漆→涂刷分缝漆→外墙真石漆主材→外墙罩面漆→检查验收→涂料清理。

（2）原面层修补外墙真石漆施工工艺：原面层打磨至水泥砂浆面层→高压水枪冲洗→耐碱渗透底漆一道→外墙腻子专用界面剂两道（内衬耐碱玻璃纤维网格布一道）→

外墙防水腻子两道→外墙防水腻子收光→打磨→抗碱封闭底漆→涂刷分缝漆→外墙真石漆主材→外墙罩面漆→检查验收→涂料清理。

（3）看台底面、塔楼连廊底面等浅灰白色乳胶漆施工工艺：铲除原涂料腻子基层→耐碱渗透底漆一道→外墙防水腻子两道（内衬耐碱玻纤网格布一道）→外墙防水腻子收光→打磨→抗碱封闭底漆→浅灰白色乳胶漆。

（4）外环梁底、下看台底面外露部位防霉防潮涂料施工工艺：铲除原涂料腻子基层→耐碱渗透底漆一道→外墙防水腻子两道（内衬耐碱玻纤网格布一道）→外墙防水腻子收光→打磨→抗碱封闭底漆→防霉防潮涂料。

（5）三层观众平台外墙面多彩弹性涂料施工工艺：铲除原涂料腻子基层→耐碱渗透底漆一道→外墙防水腻子两道（内衬耐碱玻纤网格布一道）→外墙防水腻子收光→打磨→抗碱封闭底漆→多彩弹性涂料。

3.外立面修复施工方案

（1）外墙真石漆施工

1）清理原涂料层

采用角磨机等打磨形式将表面真石漆（如有）打磨去除至水泥砂浆基层，并剁毛，便于新刮腻子的粘结（使用角磨机钢丝磨轮打磨时，操作人员必须佩戴防尘口罩、防尘眼镜、绝缘手套，附近不得有其他作业人员，防止磨轮钢丝飞出伤人）。打磨完成用高压水枪冲洗干净。

2）打凿修补

施涂前对所有部位的原面层进行检查，如有空鼓和裂缝等缺陷部位则全部清理凿除干净并采用水泥砂浆修补。下面为具体做法：

空鼓——将原楼空鼓部位剔除，小面积采用聚合物抗裂砂浆修补，大面积抹灰修平。剔除外墙空鼓抹灰层时，须将剔除的抹灰层渣土随剔随用挡板接住，后装入桶中，用滑轮垂直运输至地面，剔除的建筑垃圾运输至指定地点。不得将剔除的抹灰层碎块随意掉至楼下破坏居民的财产，以免出现意外伤害事件发生。

缝隙——细小裂缝采用腻子进行修补（修补时要求薄批而不宜厚刷），干后用砂纸打平；对于大的裂缝，可将裂缝部位切割成"V"形槽，清扫干净后，再嵌入弹性材料加水泥砂浆，表面挂钢丝网（每边150mm以上）处理。

孔洞——基层表面以下3mm以内的孔洞，采用聚合物抗裂砂浆进行找平，大于3mm的孔洞采用水泥砂浆进行修补待干后磨平。

空鼓修补——水泥砂浆打底抹灰一般不超过10mm，30～50mm之间采用水泥砂浆挂钢丝网，50mm以上采用细石混凝土挂 ϕ2@100×100钢筋网洒水养护，养护时间不得少于48h，抹面层灰时，用铁抹分两遍适时压实抹光。面层与底层抹灰粘结必须牢固，表面必须光滑、洁净、接槎平整，无空鼓等缺陷。

局部有霉藻的部位，需要使用防霉溶液清洗（可用漂白粉配制成10%的溶液），晾干或喷湿后铲除，防止灰尘飞扬。

真石漆打磨过程中极易对原阴阳角造成破坏，如需修补部位，采用抗裂砂浆加塑料阴阳角条。

3）清扫

尘土、粉末：可使用扫帚、毛刷、高压水冲洗；

油脂：使用中性洗涤剂清洗；

灰浆：用铲、刮刀等除去面层；室外高压水冲洗，用清水漂洗晾干。

4）砂浆打底找平

墙面清理干净后，用钢尺检查墙面平整度，用水泥砂浆或抗裂砂浆找平。

5）耐碱渗透底漆

①对基层表面处理后对细部到大面积仔细检查，确认符合要求，检测基层含水率小于15%后，进行基层封墙底漆施工。

②基层封底前对门窗、空调支架等金属件部位进行必要的包裹和遮盖，待整体成品后去除，以防止污染和锈蚀。

③基层封墙底漆施工前要严格按照产品规定的稀释比例进行稀释，注意：稀释时应对底漆充分搅拌，保证均匀。

④基层封闭底漆确保无漏底、流挂；涂布均匀、无漏涂。

⑤底漆施工结束后，施工工具应及时清洗，清洗后于阴凉处保存。

⑥腻子干透后方可涂刷底漆，涂刷底漆4～6h后进入下道工序。

6）外墙腻子专用界面剂两道

基层清扫完毕抹界面剂同时压入玻纤网布：抹第一遍界面剂，用铁抹子在基层上抹界面剂，厚度要求2mm，不得漏抹，在刚抹好的界面剂上用铁抹子压入裁好的耐碱网布，要求耐碱网布竖向铺贴并全部压入界面剂内。耐碱网布不得有干贴现象，粘贴饱满度应达到100%，搭接宽度不应小于50mm，严禁干槎搭接。阴阳角处理：阴角处网格布要压槎搭接，其宽度≥100mm，阴角处压槎搭接，其宽度≥150mm，网格布铺贴时要平整，无皱褶，同时抹平、拽直，保持阴阳角处的方正和垂直度。第二遍界面剂施工：待前一遍界面剂表面收水后，在已固定好的玻纤网的界面剂层面上，满批界面剂一遍，厚度控制在1mm；覆盖玻纤网表面，界面剂的总厚度以3mm为宜。

7）外墙防水腻子及打磨

①待界面剂干燥凝固后，即可进行腻子批嵌，本项目采用外墙防水腻子，将外墙防水腻子与水按比例进行配制，用电动搅拌机搅拌均匀后，静置5min，再次搅拌均匀即可使用，腻子搅拌均匀后用抹刀直接将腻子批刮在基面上，当气温较高时或基层面比较干燥时，在批腻子前可对基层适当洒水，以减缓腻子中的水分蒸发，搅拌好的腻子应在2h内用完，夏季或气温较高时应适当缩短使用时间，大风天气，环境和基层表面温度低于10℃或高于40℃时不宜施工，施工完成后的墙面在6h内应避免淋雨。

②第一遍腻子完成后，需进行打磨，打磨完成后再次进行找补、打磨。

③第二遍腻子完成后，需用细砂打磨，并同第一遍腻子一样反复找补打磨，直到腻

子层表面平整、光滑，满足涂刷涂料的要求。

④如果前两次腻子完成后还未能做到平整、光滑，不能满足涂料涂刷的要求，需进行第三次腻子作业，工序同第二次腻子作业。腻子打底找平的主要目的是修补不平整的现象，防止表面的毛细孔及裂缝。对腻子的要求除了易批易打磨外，还应具备较好的强度和持久性，在进行填补、局部刮腻子施工时，宜薄批而不宜厚刷。

刮腻子时的施工技术如下：

①掌握好刮涂时工具的倾斜度，用力均匀，以保证腻子饱满。

②为避免腻子收缩过大，出现开裂和脱落，一次刮涂不要过厚，根据不同腻子的特点，厚度以1mm为宜。不要过多地往返刮涂，以免出现卷皮脱落或将腻子中的胶料挤出封住表面不易干燥。

③用油灰刀要填满、填实，基层有洞和裂缝时，食指压紧刀片，用力将腻子压进缺陷内，将四周的腻子收刮干净，使腻子的痕迹尽量减少。

8）打磨

用砂纸磨平做到表面平整、粗糙程度一致，纹理质感均匀。此工序要求重复检查、打磨直到表面观感一致时为止。

①不能湿磨，打磨必须在基层或腻子干燥后进行，以免粘附砂纸影响操作。

②砂纸的粗细要根据被磨表面的硬度来定，砂纸粗了会产生砂痕，影响涂层的最终装饰效果。

③手工打磨应将砂纸（布）包在打磨垫块上，往复用力推动，不能只用一两个手指压着砂纸打磨，以免影响打磨的平整度。

④打磨时先用粗砂布打磨，再用细纱布打磨；注意表面的平整性，即使表面的平整性符合要求，也要注意基层表面粗糙度、打磨后的纹理质感，要是出现这两种情况会因为光影作用而使面层颜色光泽造成深浅明暗不一的错觉而影响效果，这就要求局部再磨平，必要时采用腻子进行再修平，从而达到粗糙程度一致。

⑤对于表面不平，可将凸出部分铲平，再用腻子进行填补，等干燥后再用砂纸进行打磨。要求打磨后基层的平整度达到在侧面光照下无明显批刮痕迹、无粗糙感、表面光滑的效果。

⑥打磨后，立即清除表面灰尘，以利于下一道工序的施工。

9）抗碱封闭底漆

①待腻子层平整度达到涂料施工要求并且干燥（表面含水率低于10%，pH值小于10）后，首先涂刷一道E1010水性丙烯酸封闭底漆，施工时可适当加清水稀释，稀释比例小于20%。切记不要超量稀释。

②底漆采用喷涂的方式进行施工，底漆只要求喷刷一道，但必须喷刷均匀，不能有漏涂等现象出现。因封闭底漆具有良好的渗透性、耐碱性，在增加基层粘结强度，把墙体的碱性物质、灰尘粉尘封闭到一起的同时又提高基层、中层与面层间的附着力，决不可轻视底漆的作用，它是涂料涂装最基本的保证。

③通常在20℃、R.H68%下施工底漆需2～4h干燥，随着温度的不同而干燥时间有所不同。

10）弹线、分格缝、粘纸胶带施工

①根据设计图纸要求进行吊垂直、找规矩、套方、弹分格线。

②严格按标示控制，必须保证建筑物四周要交圈，还要考虑外墙涂料工程分段进行。

③以分格缝、墙的阳角处或外墙立面线角等为分界线和施工缝，缝格必须平直、光滑、粗细一致。

11）真石漆

施工前根据材料及设计要求做好交底，大面施工前应做好样板，经监理、甲方等有关人员认可后方可进行大面施工。施工前，还应对施工段的门、窗、栏杆等进行防护，以免污染。

①喷涂料应一次性购足，同一面（侧）墙喷涂采用同一批次真石漆连续施工，确保墙面涂料颜色一致，若出现材料不足时，应避免一面墙采用两批材料进行喷涂。

②喷涂作业时，手握喷枪要稳，空气压力控制在$0.4～0.8N/mm^2$之间经选择确定。涂料出口应与被喷涂面垂直，喷枪距被喷涂面距离为30～50mm，喷枪移动时应与涂面保持平行。喷枪运行速度适宜，且保持一致。

③喷枪移动范围直线喷涂70～80cm后，拐弯180°向下喷涂下一行；喷涂时第一行与第二行的重叠刻度控制在喷涂宽度的1/3～1/2，确保喷涂颗粒厚度均匀一致。喷涂时要连续作业，到分界或阳角处再停歇。外墙喷涂为两遍。

④喷涂门窗时应先喷门、窗附近，再由上往下进行面漆施工，易脏、易污染部位的施工应较后进行；局部喷涂不到位的地方应用油刷、排笔刷涂。

⑤喷涂时应分遍成活，波状、花点喷涂时应为三遍，粒状喷涂时为两遍，前后喷涂时间间隔为1～2h。

⑥涂料干燥前，应防止雨淋、尘土污染和热空气的侵袭。

喷涂注意事项：

①喷涂所用的涂料稠度要适中，太稠不便施工，太稀遮盖力差，影响涂层厚度，而且容易流淌，压力应调到适当。

②对于不需喷涂的部位应用纸板或其他物体遮盖，以免在喷涂过程中受污染。

③涂层接槎留在分界或阴角处，以免出现明显搭接痕迹。

④喷涂施工质量要求：涂膜应花纹点均匀，颗粒均匀，不应出现露底、流坠、不显接槎现象。

12）外墙罩面漆

真石漆完全干燥后，喷涂罩面涂料。先将罩面涂料按产品说明书要求的比例加水稀释并搅拌均匀，然后用喷枪均匀地喷涂一遍。喷涂用重力式喷枪，压力为$4～6kg/cm^2$，喷枪离墙面30～40cm。

13）检查验收

对完成后的墙面涂料进行彻底的检查，对重点阴阳角及门窗洞口检查无误后报验收。

14）涂料清理

将楼层内所有的涂料及防护采用的材料及时清理出现场，并将遗漏的涂料进行清理，做好现场文明施工。

（2）外墙涂料施工

1）清理原涂料层

利用铲刀等铲除形式将表面涂料层（如有）铲除，并剁毛，便于新刮腻子的粘结（操作人员必须佩戴防尘口罩、防尘眼镜、手套，附近不得有其他作业人员，防止铲除涂料掉落伤人），铲除完成用高压水枪冲洗干净。

2）其余施工工序同外墙真石漆施工。

3）弹性涂料

该面漆为双组分弹性面漆；施工时，打开漆料包装桶，搅拌均匀，将A：B双组分兑合到一起，搅拌均匀，适当静置一会，加入适量清水稀释后进行涂装。常温下第一道面漆涂装完12～24h后，即可涂装第二道面漆。施工时注意要使用不掉毛、不开胶质量好的滚筒，涂料不可过度稀释，涂装施工条件应控制温度在5～30℃之间。

（3）10m高移动式脚手架搭设方法

移动式脚手架的底座采用14a槽钢焊接，架体采用 $\phi 48 \times 3.5$ 的脚手架钢管用扣件相扣接进行制作搭设，立杆与底座槽钢采用焊接连接，这种方法较为简便安全。上部平台次梁间距为300mm，台面满铺50mm厚脚手板，逐一加以固定，使其不松动。操作平台的面积为3m×4m，总高度为9.85m（包括栏杆）；移动脚手架的周边，按照临边作业的要求设置防护栏杆和安全网、踢脚板等，并配置登高扶梯，梯子采用 $\phi 12$ 钢筋焊接，梯子不得缺档，横档间距以30cm为宜。架体移动采用四个 $\phi 500 \times 70$ 的成品铸钢轮子，轮轴直径32mm，在底部移动的轮子上设置转向和锁止装置。移动式脚手架搭设如图4-48所示。

图4-48　移动式脚手架搭设示意图

本工程使用移动式脚手架，共分为两个部位：

部位1：看台底内侧及3层外墙，位置示意如图4-49所示。

图4-49 移动式脚手架搭设部位（1）

部位2：看台顶内立面，位置示意如图4-50所示。

图4-50 移动式脚手架搭设部位（2）

（4）吊篮工程施工方法

现场勘察到塔楼顶部及看台顶部外围为钢筋混凝土结构，符合吊篮配重块承重要求，故计划使用吊篮施工作业，吊篮选用无锡市强恒机械有限公司生产的ZLP630型吊篮，额定提升力6.3kN，吊篮宽760mm，塔楼上使用的吊篮长3～5m，看台顶外立面使用的吊篮长6m。塔楼吊篮安装剖面如图4-51所示，南北塔楼吊篮首次安装平面布置如图4-52所示，南北塔楼吊篮移位安装平面布置如图4-53所示。

（5）移动式登高车施工方法

根据实际现场勘察情况，传统钢管架耗时长、成本高，对于1～2层体育场外立面、看台底外侧外环梁外侧及南北塔楼吊篮和移动式脚手架无法作业部位计划采用移动升降

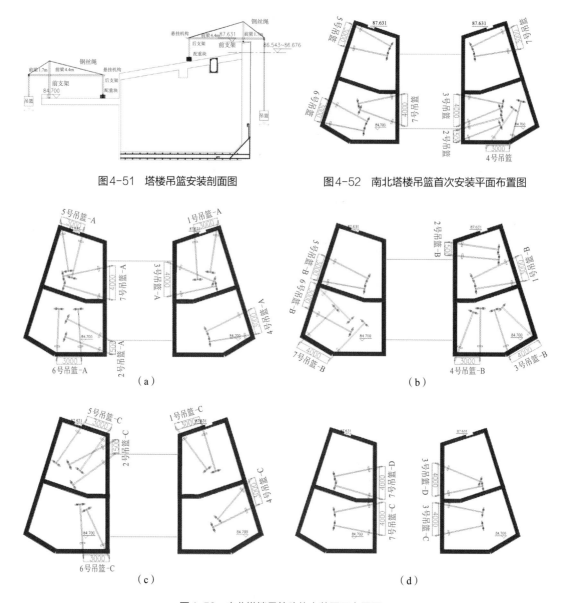

图4-51　塔楼吊篮安装剖面图　　　　　图4-52　南北塔楼吊篮首次安装平面布置图

（a）　　　　　　　　　　　　　　　　（b）

（c）　　　　　　　　　　　　　　　　（d）

图4-53　南北塔楼吊篮移位安装平面布置图
（a）南北塔楼吊篮一次移位安装平面布置图；（b）南北塔楼吊篮二次移位安装平面布置图；（c）南北塔楼吊篮三次移位安装平面布置图；（d）南北塔楼吊篮四次移位安装平面布置图

式登高车作业施工，从安全角度出发，由于是高处施工，移动升降式登高车配有安全绳，高处可以充分保护工人安全，从经济美观角度出发，移动升降式登高车施工周期短，可移动升降，施工期间简洁美观。

使用臂长38m登高车，登高车停放位置为体育场内环道路，可施工1～3层体育场外立面、外环梁外侧及看台底外侧顶板。移动登高车作业如图4-54所示。上部红框内为看台底外侧，下部红框内为体育场1～2层外立面。外立面修复后效果如图4-55所示。

图4-54　移动登高车

图4-55　黄龙体育中心体育场翻新后外立面

4.8
本章小结

　　浙江省黄龙体育中心亚运会场馆改造项目是浙江省目前规模最大的体育场馆，整体造型富有动感、力量感，其双曲面幕墙、超高曲面塔楼外墙翻新的创新应用是整个装饰工程最为重要的一个组成部分。整个装饰工程从选材到施工追求绿色环保理念，符合国家节能减排和降耗的政策方针。

第**5**章

机电安装
施工关键
技术

5.1
机电安装工程简介

1.机电安装工程概况

（1）建筑给水排水

1）生活给水系统

浙江省黄龙体育中心亚运会场馆改造项目生活给水水源一路接自北侧天目山路市政给水管，一路接自西侧玉古路市政给水管。两路供水接入体育中心生活给水环管（与消防给水共用环管）。各子项在引入管后设二级分支引入管及计量水表接入各自生活给水系统。

2）排水系统

本工程采用雨污分流制排水，严禁污水排入雨水系统，室内采用污废分流排水，室外采用污废合流接入室外化粪池。改扩建的体育场配套用房考虑到赛后功能转换的可能性，在室外增设隔油池。

①污水

地上部分采用重力排水，系统在室内为全密闭系统，各排水口处设置水封与室内空气隔绝。

低于室外地坪部分采用压力排水：

A.地面排水采用集水井潜污泵提升排水，集水井水位自动控制潜污泵启停，并设置高水位报警，报警信号接入值班室。

B.卫生间排水、厨房废水等采用污水提升装置提升排水，采用密闭污水集水设施并设置通气管。

室内雨、污、废水系统的排出管应对应接入室外相同性质的排水检查井，车库地面冲洗排水不得接入雨水检查井。

②雨水

游跳馆雨水系统不作修改；新建的单体屋面均采用重力雨水系统。

体育馆内多年来一直存在漏水情况，经过查阅原始设计资料及现场勘察，发现体育馆屋面天沟构造对超量雨水溢流严重不利，且原天沟打胶部位年久失修，局部老化漏水的情况严重。对于漏水严重的雨水斗末端位置，根据现场实际条件，适当增加雨水斗及雨水立管。

3）热水系统

拟采用空气源热泵热水系统，设辅助热源。空气源热泵机组设于室外平台，设计容积455L的承压储水罐6组，辅助热源采用电加热水箱，设热水循环泵保障热水干管循环。

4）消防系统

两路消防水源接自市政给水管，一路接自北侧天目山路市政给水管，管径 *DN*400；另一路接自西侧玉古路市政给水管，管径*DN*300，市政给水压力为0.25MPa。两路供水接入体育中心消防给水环管（与生活给水共用环管）。

项目室内消防给水采用临时高压消防给水系统。主体育场、主体育馆、体育场配套用房等单体采用集中消防给水方式。

①消防水池及泵房设置

消防水池和消防泵房集中设于主体育场塔楼地下室，室内消火栓系统、自动喷水灭火系统分别设置消防水泵，初期灭火用水高位消防水箱设于主体育场塔楼屋顶。

主游泳跳水馆、综合训练馆单体内设独立的消防水池和消防泵房，消防水箱设于各单体最高处。

②室内消火栓系统

室内消火栓系统设计流量40L/s，系统为临时高压消防给水系统，由集中消防泵房内的室内消火栓泵供水，设两路引入管，室外设水泵接合器。

系统配水管道布置为环状，系统竖向为一个分区。

③自动喷水灭火系统

自动喷水灭火系统设计流量30L/s，系统为临时高压消防给水系统，由主体育场地下室集中消防泵房内的自喷泵供水至本工程报警阀组，设两路引入管，室外设水泵接合器。

④气体灭火系统

下列部位设置柜式七氟丙烷气体灭火系统：主体育场的变配电房、网络中心机房、无线通信机房、电信模块局等；主体育馆的变配电房、记分牌控制室、记分牌维修室等。

（2）建筑电气

1）供电电源

本工程从市政电网引来二路独立电源（分别来自城市不同的区域变电站），组成双重电源，两路10kV电源同时工作，互为备用。

本工程预留柴油发电车作为本工程的备用电源，所有有预留发电机接驳条件的负荷的备用电源引自备用母线段。火灾应急照明和疏散指示标志采用集中电源集中控制型，用于正常电源与应急备用电源的所有双电源切换开关均采用机械及电气连锁功能，以防止二路电源并列运行。

2）照明系统

本工程设有比赛场地照明、附属用房照明、应急照明、环境照明等。照明方式根据不同场所按规范设置一般照明、分区一般照明、一般照明结合局部照明等。

贵宾区、主席台、新闻发布厅主席台的照明采用分区一般照明方式；新闻发布厅记者席、混合区、检录处等场所的照明应采用一般照明或一般照明与局部照明相结合的方式；兴奋剂检查室应采用一般照明与局部照明相结合的方式。上述区域设置100%的备用照明。特级、一级场馆的照明设施应由多个灯具或灯具组组成主照明，相邻灯具（灯具组）应采用不同电源供电。特级、一级场馆及设施采用照明控制系统。

3）建筑防雷

本工程防雷等级：第二类。电子信息系统雷击电涌防护等级：B级。

接闪器：本工程屋面材料为带装面板镁合金直立锁边金属屋面，在金属屋面一圈利用Θ25×4热镀锌扁钢（φ12热镀锌圆钢）暗敷做均压环，该均压环与金属屋面及引下线做可靠电气连接。凸出由屋顶接闪器形成的平面0.5m以上时，应装接闪并与屋面防雷装置相连。

引下线：利用建筑物钢筋混凝土柱子或剪力墙内两根φ16以上主筋可靠连接作为引下线。建筑物外墙引下线在距室外地面上0.5m处，设接地电阻测试点，接地电阻小于1Ω。

本工程用建筑物的钢筋作为防雷装置，施工时应满足：构件内有箍筋连接的钢筋或呈网状的钢筋，其箍筋与钢筋、钢筋与钢筋应采用土建施工的绑扎法、螺栓对焊或搭焊连接。构件之间必须连接成电气通路。

4）火灾报警系统

本工程的火灾自动报警系统采用控制中心报警系统，并在主体育场一层设主消控中心，体育馆和游泳跳水馆分别设置分消控中心。这一系统由火灾探测器、手动火灾报警按钮、火灾声光警报器、消防应急广播、消防专用电话、消防控制室图形显示装置、带联动功能的报警控制器等组成。

5）应急照明和疏散指示系统

本工程设置一台起集中控制功能的应急照明控制器和多台应急照明控制器，起集中控制功能的应急照明控制器设置在消防控制室内，其他应急照明控制设置在电气竖井或配电间内。应急照明控制器直接控制灯具的总数量不应大于3200台。

（3）暖通工程

1）空调冷热源设计

主体育场赛事功能用房区域（一、二层西侧，三层）均采用可独立调节的风冷多联式空调系统提供冷暖空调服务，室内采用四面吹式或风管式室内机对空气实施冷却、去湿、加热、加湿和过滤净化处理。室外机放置于室外设备平台。各空调区域均设新风换气系统以确保各区域空调房间的有效换气及风量平衡。

2）通风系统设计

各空调房间均设置新排风系统进行通风换气；

各卫生间均设置机械排风系统，换气次数按10～15次/时设计、自然补风；

变配电间按热平衡计算核算通风量；

设备用房按6次/h换气次数设机械通风系统，自然补风。

3）消防排烟系统

本工程地下室内走道区域设置机械补风系统，机械补风量不小于机械排风量的50%。

4）空调水系统管材与保温

考虑到防腐及延长水循环系统运行寿命，本工程空调循环水管采用镀锌钢管，其中公称直径小于或等于100mm的循环水管采用标准丝扣管道配件丝扣连接，公称直径大于100mm的循环水管采用卡箍连接。本工程空调循环水管的工作压力为1.0MPa，在安装就位连接完毕进行保冷及保温前要按照《通风与空调工程施工质量验收规范》GB 50243—2016有关内容进行试压检验，不合格者不允许进入下道保冷及保温工序。试压范围包括空调循环水管的所有配件、阀门和设备。

空调循环水管外用符合《柔性泡沫橡塑绝热制品》GB/T 17794—2021、《材料产烟毒性危险分级》GB/T 20285—2006中规定的防火等级为难燃B级、最高工作温度>95℃的高密细发泡橡塑成品管套保温，该橡塑材料厚度为25mm时，热阻应大于0.81。室内的空调循环水管保温厚度为32mm管瓦，室外的空调循环水管外用同质42mm厚管瓦保温，地下室的空调水管保温厚度视同室外。

（4）建筑智能化系统

弱电施工图范围包括：综合布线系统、数字电视系统、无线覆盖系统、语音通信系统、公共广播系统、UPS系统、安全防范系统、一卡通系统、楼宇自控系统、智能照明系统、能耗计费系统、防雷接地系统、综合管路系统、移动蜂窝系统（运营商负责）、5G网络（运营商负责）。

2.机电安装工程难点、特点

（1）场馆现状分析

本项目为改扩建工程，黄龙体育中心主体于2001年竣工并投入使用，主体育场和体育馆建造时间距今近20年，外立面陈旧甚至局部破损，内部设备陈旧，且内部功能分区及流线组织不能满足现亚运会的比赛要求，需要进行相应的改造；游泳跳水馆虽然竣工时间为2017年，但由于设计的初衷并不是服务于亚运会，所以其内部功能和流线不尽合理，同时其设备也不能完全满足亚运会比赛的需要，也需要局部改造。

黄龙体育中心场地道路面层破损严重，且由于沉降原因导致道路局部积水严重，已严重影响使用体验。考虑到赛时使用及日后的经营，将对场地、场馆内部进行重新规划、设计。

（2）难点、特点分析

1）专业多、交叉施工配合面广

项目改造要满足亚运会场馆要求，需要对所有的功能间进行重新布置及流线规划，总体项目体量大，工期紧，要求专业性强，现场交叉施工配合量大，这是本工程一个显著的特点，也是本工程的第一大重点。

由于本项目专业齐全，技术要求高，各类专业施工单位多，施工区域和施工内容众多，施工工序搭接频繁，现场立体交叉作业普遍，加大了在专业施工管理中的难度。充分协调好各专业间的配合，是本工程的一个难点。

2）拆除重建期间需兼顾运营

部分区域需要拆除重新改建，而部分区域还需要继续运营。在施工期间，不仅需要确保现有商家继续运营和安全，还需确保自身施工进度和安全，让本身矛盾的两者做到和谐统一，是管理协调工作上的重点，又是难点。

①要由有专业拆除工程承包资质的拆除单位施工，保证有相关拆除经验。

②现场施工技术人员要弄清建筑物的结构情况、建筑情况、水电及设备管道情况，切断被拆区域的水、电管道等。

③在拆除工程施工现场醒目位置应设安全警示标志牌，安排专人看管。拆除工作时严禁非作业人员入内，确保安全。

④施工前，要确认检查拆除区域的各种管线的切断、迁移工作是否完毕，确认安全后方可施工。

⑤对进场施工人员进行安全技术教育，特殊作业人员须持证上岗，进场人员必须佩戴安全帽，着装规范并配备必要的劳动保护用品，高空作业系好安全带。

3）给水排水改造重难点

黄龙体育中心末端点位多、给水排水管网线路长、使用年限长，需对项目充分摸排方能了解情况。在项目改造过程中，需进行合理规划，利用新技术，考虑科学性。新装管网、设备要能较好适应当下的场馆需求，功能优良。

4）电力系统改造重难点

电力系统是维持本工程正常运转的重中之重，为降低影响，本工程既有配电线路改造时不许大面积停电，尽力减少停电次数和停电时间是一大难点。

此外，项目配电房存在空间不足的问题，若直接进行大面积的更新和安装作业，会加大施工难度。因此通过规划，合理安排好施工顺序，做到有序且迅速。

5）暖通工程改造重难点

本工程制冷机房设置在黄龙体育中心外部，暖通管道输送线路长，且绝大多数为既有线路，不在此次改造范围内，其中部分管道走向从当下需求看已不再科学，对其他专业产生了影响。

因此施工需要综合考虑既有条件与现有需求，制定综合效益最佳的改造方案。并且需要通过保温层的更换，确保场馆内末端设备的运行效果。

6）既有管道摸排、拆除难度大

黄龙体育场建成至改造为止经过近20年运营，整个机电系统发生了比较大的改造，经过改造后的各类管线已经与原有图纸发生了较大的变化，且没有进行后期的图纸更新，造成现在实际现场情况与现有的黄龙体育场给水排水系统图纸相差甚远，所以现阶段施工的摸排难以达到完整、准确。

此外，体育场管沟部分给水管道、消防水管道、空调水管道连接方式采用无缝钢管焊接连接或法兰连接，因使用年限近20年，且外围环境相对恶劣，焊缝、法兰接口已出现较严重的锈蚀，并且阀门工作状态失效，启闭失灵。特别是加压管道，巨大的水压将会短时间淹没地下室，甚至可能渗入地下配电室造成不可挽救的损失。

5.2
受限结构下污水排放技术

1.受限结构概况

黄龙体育中心主体育场具有较大的地下空间，且层高有限，如使用传统重力排水方式会出现：管道坡降影响室内层高进而妨碍空间利用；提升污水导致土建结构成本增加；管径逐级放大导致流速降低造成的杂质淤积、阻塞等问题。因此，黄龙体育中心主体育场改变传统重力排水方式，地下室28处选用真空排水，长度约180m，利用真空排水技术有效解决了结构空间上的受限性，利用负压推动管道内的污水和杂质流动，清空管道，节水环保。

2.真空排水特点

（1）在系统组成上，传统排水技术使用的是常规的洁具及罐体。而真空排水系统由专门的真空卫生器具、真空管网、真空泵站及控制阀门组成。

（2）管道安装灵活。传统重力排水必须要做下降坡度布置，且每个卫生间要设置相应的集水井，安装施工麻烦，占用层高。真空排水对于管道无坡度要求，可根据实际需要灵活布置，管道管径小，安装施工方便。

（3）节水。普通坐便器依靠水的流动输送污物，所需水量大。真空卫生器具主要依靠气压差输送污物，仅需少量水（约普通坐便器的1/6）即可。

3.工艺原理

（1）真空排水系统包括依次布设的末端设备、真空界面阀和真空泵站；末端设备与真空界面阀之间连接第二重力排水管；真空界面阀与真空泵站之间连接真空排水管。其中，末端设备与第二重力排水管相接，第二重力排水管与真空界面阀一端相接，形成常规压力的环境，真空排水管与真空界面阀另一端相接，形成真空环境。真空排水系统示意图如图5-1所示。

末端设备包括洗手池、真空地漏、真空污水收集器和真空坐便器；洗手池和真空地漏均与第一重力排水管相接，污水经过第一重力排水管进入真空污水收集器；真空污水收集器与真空坐便器与第二重力排水管相连；真空泵站与真空排水管相连，污废水在爪式真空泵的抽压后经过真空排水管进入真空罐体，经过处理后的污废水由排污泵经真空泵站排污管、真空泵站排气管将污水及废气排放至室外。

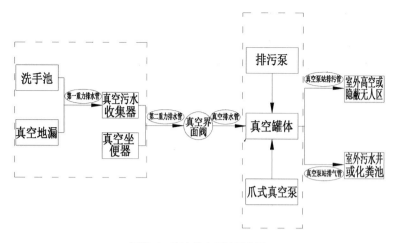

图5-1 真空排水系统示意图

（2）真空界面阀用于隔离真空管网与大气，由内部电磁阀控制开闭；真空界面阀接收感应信号控制开闭。

（3）爪式真空泵与真空罐体相连，负责保持系统内的真空状态，由真空度控制启停；排污泵与真空罐体相连，负责将经过处理的污水、废气导出至真空泵站排污管、真空泵站排气管，排污泵由液位值和负压值联动控制启停。

4.施工操作要点

（1）设备安装要点

1）真空泵站

本工程真空泵站由3台真空泵、3台排污泵、3个真空罐体及控制系统组成。本工程真空泵站位于地下一层，安装前须对真空罐体的运输路线和后期的检修需求进行规划和确认；对排水管、排气管、排污管的管道走向进行深化和复核，校核设备的就位位置和负载能力。真空泵站如图5-2所示。

图5-2 黄龙体育中心真空泵站

2）切断相关水、电、煤气管线后，对迁改位置进行开挖。

3）原有管道以及计划敷设管沟开挖完成后，对原来的雨污水管进行排污处理。

4）等排污完成后，进行计划敷设管沟内管线等的重新连接。

管道安装：管道安装应结合具体条件，合理安排顺序，一般为先大管、后小管，先主管、后支管。当管道交叉中发生矛盾时，按下列原则避让：小管让大管，有压力管道让无压力管道，低压管让高压管，常温管道让低温管道，支管道让主管道。

健身服务用房区域：其中管径DN133～DN480。

敷设方式：直埋。

管件、管材及连接方式见表5-1。

管件、管材及连接方式表   表5-1

序号	用途	管材	连接方式	规格	数量	保温防腐
1	高温供回水管	高密度聚乙烯外护管、硬质聚氨酯泡沫塑料预制直埋保温管	焊接连接	DN133	2根	自带保温
2	自动喷淋水管	镀锌无缝钢管	焊接连接	DN159	1根	沥青玻璃布防腐两道
3	消火栓供水管	镀锌无缝钢管	焊接连接	DN219	1根	沥青玻璃布防腐两道
4	给水管	球墨铸铁管	承插连接	DN325	1根	沥青玻璃布防腐两道
5	空调供回水管	高密度聚乙烯外护管、硬质聚氨酯泡沫塑料预制直埋保温管	焊接连接	DN480	2根	自带保温

管道对口连接：管道对口在管沟的管口处挖工作坑，采用焊接拼管对接。对口时，先将两管底拼对并点焊定位，然后拧掉一侧，使上部拼对，间隙均匀，尽量使管子错边分布均匀（错边不应超过规范）。相邻两节管的纵缝应互相错开，其环向间距应大于100mm。

管道焊接的工艺要求：焊接采用手工电弧焊，全部采用加强焊缝，加强高度为2～3mm，焊缝宽度为18～20mm，且超出坡口边缘2～3mm。焊完后，清除内腔焊渣及其他附着物，并将内腔清扫干净。

5）最后进行管沟土质回填，回填前，先检查和修补管道防腐、保温外层的破坏处。回填土时应无积水，管腔及管顶填砂，要求砂粒不大于7mm，无尖利杂物，填砂要求夯实。砂层上可用原地面土回填，300mm一层，密实度95%，回填至要求高度。沟顶以上500mm以内不得回填大块的石块或砖块等杂物。

（4）其余既有给水管网利用技术

施工用水往往直接从附近市政管网接出，敷设临时钢管。而黄龙体育中心改造项目大，施工面广，敷设临时管网耗时耗力，且考虑到本项目既有给水管网完善，因此决定利用既有管网进行施工供水，不足处采用临时管道补充。

项目根据施工界面与施工顺序对既有管道的拆除、新管道的就位及新旧转换的时间进行合理安排，配合整体时间推进。例如：土建在前期拆除时，安装仅拆除供场馆内部末端设备的用水管道。由供水主管接出供土建降尘和清理的用水。

3.实施总结

通过组织手段，对施工工序的合理规划，在既有机电系统改造过程中，兼顾"改"和"用"两方面，力求对用户的影响最小，社会效益最大化。

此外，本技术也能将改造范围缩小，降低施工中的人工、材料成本，增强经济效益。

5.5
机电安装BIM深化应用

1.工程概况

本工程建筑内包含大量机电管线及专业设备，安装工程具有以下三大难点：

（1）管线设备多、空间受限。为满足现代化体育场馆及赛事功能需求，本次改造增加了大量管线、设备，实现安全、稳定、智能的运行功能，但早期建筑层高低，空间净高紧凑，管线设备定位、排布压力大。

（2）异型构件多。主体育场为椭圆形建筑结构，为保证管道拼接的严密性及美观性，施工选用大量弧形管道。利用BIM技术对弧形管道弧度进行分析，指导预制加工。

（3）管线综合排布协调。本项目包含各专业桥架6根，各功能风管4根，各功能管道8根。在有限的空间内，协调各专业管线的安装顺序，合理安排交叉翻弯，对提升工程质量、加快施工进度、节约施工材料都有重要作用。

2.深化设计内容及实施方法

（1）管道综合排布设计

作为大型公共建筑，本项目地下室内包含众多机房及相应机电管线，且走向复杂。走廊管线统计见表5-2。

走廊管线统计表   表5-2

走向	类型	尺寸（mm）	数量	走向	类型	尺寸（mm）	数量
南北走向	喷淋管道	$DN150$	4	东西走向	喷淋管道	$DN150$	3
	消防管道	$DN150$	1		消防管道	$DN150$	2
	低压桥架	600×200	1		赛时桥架	300×100	1
	弱电桥架	300×100	1		低压桥架	600×200	1
	消防桥架	150×100 200×100	各1		弱电桥架	300×100	1
	梯形桥架	200×100	1		消防桥架	200×100	1
	排风风管	400×200	1		梯形桥架	200×100	1
	排烟风管	1250×500	1		排风风管	400×200	1
					排烟风管	1250×500	1

以报警阀间前走廊为例，根据管道走向需求，以符合规范、便于施工、布置美观、节约空间的原则对管道进行综合排布，保证走道标高并预留出检修空间。

深化方案：低压、弱电桥架敷设最上层底标高4.1m，两排风管敷设第2层底标高3.6m，消防桥架与4根主水管并排敷设第3层标高3.3m，其余三根水管敷设第4层标高3.0m，排烟风管敷设最底层标高2.45m。结构图纸及管综图纸如图5-7、图5-8所示。

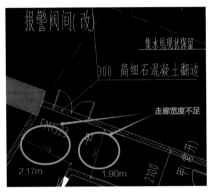
图5-7 结构图纸

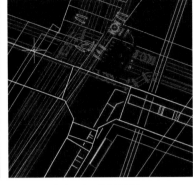
图5-8 管综图纸

针对管线分五层排布，检修不便的特性，深化人员将管线整体向东侧偏移，在西侧预留出充足的检修空间。管线排布剖面图及管道排布走向图如图5-9～图5-11所示。

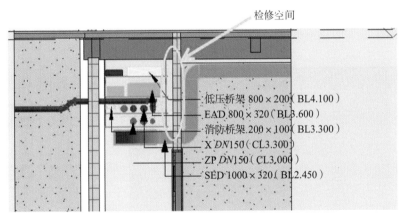
图5-9 管综排布剖面图

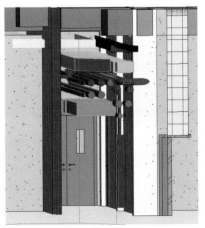

图5-10 南北走向管道排布图

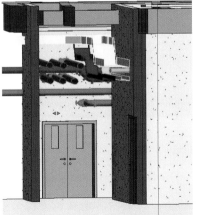
图5-11 东西走向管道排布图

根据初步建模及碰撞检测结果，工程其余区域也均进行了管道综合排布，充分躲避结构梁的不利影响，满足管道安装需求。管综排布图如图5-12所示。

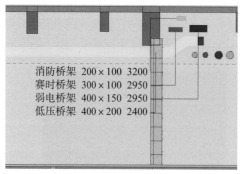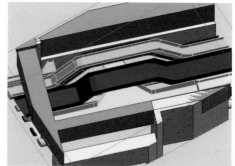

图5-12　管综排布图

（2）弧形管道设计及施工

本项目主动适应椭圆形的结构需求，将地面三层的管道设计为弧形，利用BIM技术进行初步建模。建模时，将同部位不同专业的管线尽可能综合为同一曲率半径，且在图纸上精确定位，以保证安装后的美观度。建筑结构平面图如图5-13所示。

根据模型，对弧形管道进行初步分段，形成预制加工清单。根据初步分段结果所得的角度及长度值，以此为依据，在Revit中自动计算出压弯的差值，依次出图，指导预制。三层走廊区域弧形管道模型如图5-14所示。

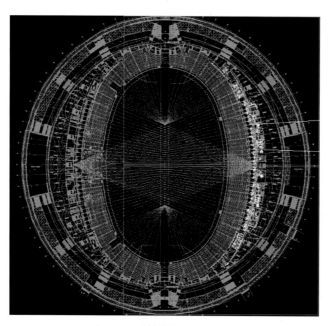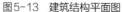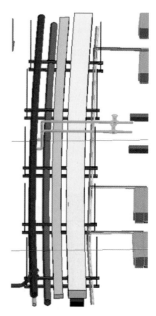

图5-13　建筑结构平面图　　　　　　图5-14　三层走廊区域弧形管道模型

将预制完毕的弧形管道根据图纸，依次安装在综合支架上，管道分段示意图、单段管道模型示意图、三楼西区走廊管道综合排布BIM图、三楼西区走廊管道综合排布现场图分别如图5-15～图5-18所示。

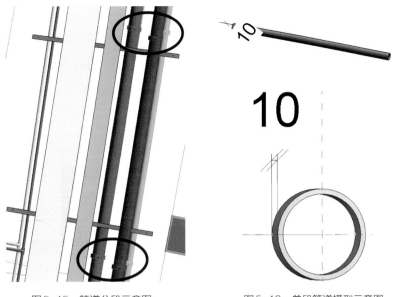

图5-15　管道分段示意图　　　　　　　　图5-16　单段管道模型示意图

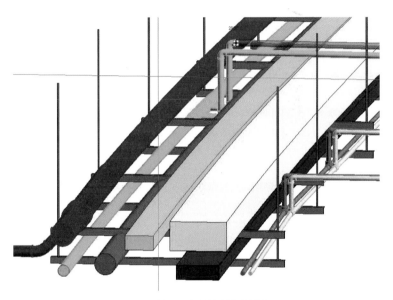

图5-17　三楼西区走廊管道综合排布BIM图

图5-18　三楼西区走廊管道综合排布现场图

（3）空间优化

项目实施过程中着重对各层走廊区域进行了净高分析及空间优化，通过进一步精简路由、优化管路走向等方式，完善综合布局，提高项目整体净高，为后期设计变更、管线增设预留充足空间。直观清晰地得到各部位净高，确保满足运营使用需求。2层中庭东西走道Ⓖ～Ⓔ轴交㊗～㊽轴、B1层走廊北端㊿轴、1层走道Ⓓ轴交㊾～㊿轴分别如图5-19～图5-21所示。

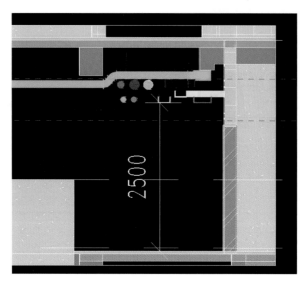

图5-19　2层中庭东西走道Ⓖ～Ⓔ轴
交㊗～㊽轴

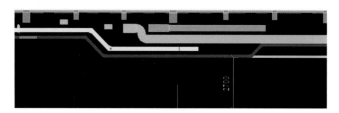

图5-20　B1层走廊北端㊿轴

图5-21　1层走道Ⓓ轴交㊾～㊿轴

3.实施总结

工程借助BIM技术进行多专业协同，以管道走向的深化为基础，弧形管道设计为创新点，提高空间利用率。利用三维动画，规划施工顺序，形成施工指导方案。逐区域进行净高分析，保证运动员和观众的使用体验。BIM技术在本工程机电专业上的应用充分规避了异型建筑结构影响，满足了现代化功能需求，较好地发挥了机电系统的功能。

5.6
本章小结

本项目在基于既有结构、管线的基础上，从外观、功能、服务、用户需求等各个方面进行综合评估，对症下药，制定具有针对性的施工工艺与方案。

项目改造规避既有建筑的劣势，注重使用功能的加强，并贯穿绿色节能的理念，充分利旧，减少环境污染和资源浪费。所有技术手段均具有普适性和推广意义，可为城市的可持续发展作出积极贡献。

第**6**章

体育设施
专项施工
关键技术

6.1
体育设施技术应用简介

1. 体育场地工艺设计

黄龙体育中心体育场地主要包括主体育场足球比赛场地和田径比赛场地、室外田径训练场足球训练草坪和田径热身场地、体育馆体操比赛场地和热身场地、游泳跳水馆水球比赛池等。

主要应用内容包括场地布置和划线、场地工程做法，草地喷灌系统，专用赛事系统以及相关配套设施。

2. 体育场锚固草坪简介

本工程体育场足球场采用国际先进的锚固草种植技术，系我国长江以南区域第一次使用该技术。原足球场地为20世纪90年代建设的场馆，设施执行老规范，基础做法不详。根据现场基础勘查情况，进行深化设计，对足球场喷灌系统及场地重新施工以满足世界杯、国际锦标赛、奥运会、国家级竞赛的要求。

3. 装配式泳池简介

装配式游泳池是在国外成熟技术的基础上，应用了最新的装配式概念，经过科学的工业化设计，在工厂规模化生产而成。装配式游泳池完全打破了拆装式对于平台的依赖，使得池体可以造得非常轻薄，最薄处仅有30cm，且能支持2m以上的水深，非常适用于一些室内狭窄环境下的游泳池建造。

4. 超高清斗屏简介

体育馆中央悬挂的超高清斗屏四面面积共206m²，重14t，施工前由浙江省建筑设计研究院对网架进行结构复核，施工过程中由浙大检测全程监测。斗屏的画面可以是连续的，也可以分屏播放，可以让全场每位观众都有最好的观赛视角和体验。根据不同使用场景，由数字式控制系统来操控斗屏的升降，以满足各项要求。

5. 预制型（运动）跑道简介

主体育场跑道材料采用意大利盟多原装进口连续12届奥运会专业预制型卷材，由意大利籍工程师现场施工，通过国际田联一级场地认证。跑道改造完成后半径36.5m，主跑道标准400m10直9弯。

6. 运动木地板简介

在体育馆实木地板的铺设过程中，经常会碰到墙面、水平地面过渡和楼梯等环境，对于这些区域的衔接结构，尤其是对于楼梯衔接的区域，现有收边条契合度差。为了解决现有技术中存在的某种技术问题，体育场用木地板，能够解决地板缓冲效果差且龙骨弹性变形量小以及地面凹槽覆盖麻烦的问题，耐磨性好，隔声效果好，使用寿命长。

6.2
体育场锚固草坪施工技术

1.锚固草概况

锚固式混合草坪是由95%天然草坪和5%人造加固纤维组成，高精度设备将约2000万株20cm高的人造草纤维以2cm间距植入足球场（地面以上2cm，地面以下18cm）。2000万株人造草纤维如同2000万个导管直接将雨水导入排水层，同时天然草根系与人造草纤维相互缠绕，扎根更深，草更强壮，耐践踏。

2.草种选择

锚固型混合草坪是由人造草纤维和天然草同时组成的，因此天然草种的选择也至关重要。

杭州处于亚热带季风区，属于亚热带季风气候，四季分明，雨量充沛，夏季气候炎热、湿润。全年平均气温17.8℃，平均相对湿度70.3%，年降水量1454mm，年日照时数1765h。根据气候地理环境、根茎长度等因素，可选暖季型运动草本极少，在对比各类草种后决定选择"兰引3号"草种。

"兰引3号"是典型的暖季型草，温度越高且高温季节越长，其生长越旺盛，种子质量越高。它可耐高温，抗寒性也不错，抗病虫害能力强，适合在排水良好的砂质土壤上生长，肥力要求中等，4～10月为其生长季节，11月间温度低于15℃逐渐进入休眠期，会出现停止生长及叶片黄化的现象。

该草是多年生匍匐型禾草，颜色浅绿，具有发达的匍匐茎根系，扩展性、适应性都很强；耐高温、耐践踏、叶质良好；在珠江三角地区全年青绿；具有抗病虫能力强、不易擦伤人的皮肤等优点；质地细腻，密度高；超强的抗旱性；超强的耐荫性；超强的抗病性，对黄斑病、结缕草锈病、褐斑病、象鼻虫、青虫及蝼蛄的超强抗性。

"兰引3号"是优良的运动型草坪草，弹性、脚感、足球摩擦系数均达到优良水平。可作为高规格比赛足球场、棒球场、跑马场草坪及开放性绿地等的草种。目前在长江以南区域大部分场馆使用。

3.构造分析

锚固型混合草坪从下至上分为原土层、隔离层、碎石排水层（150mm厚）、介质层（50mm厚）、下砂层（150mm厚）和上砂层（150mm厚），排水管埋于原土层之上。锚固式混合草坪切面模型如图6-1所示。

锚固草是通过专业植丝设备将人造草纤维根植于下砂层中，以进入地面18cm，露出地面2cm为最佳植入标准。天然草的根系植入于上砂层中，可与锚固草的根茎缠绕

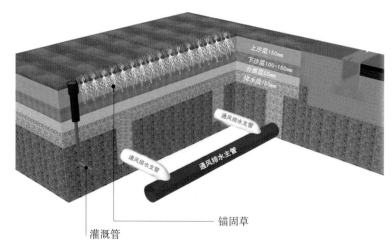

上沙层150mm
下沙层100-150mm
介质层50mm
排水层180mm

通风排水支管
通风排水主管
通风排水支管
灌溉管
锚固草

图6-1 锚固式混合草坪切面模型

在一起，从而达到增加真草在土壤中的吸附力的效果，使纯天然草扎根更深，避免在足球比赛时铲球等动作导致的草皮飞溅。同时，人造锚固草纤维的植入也利于排水，可增加雨水通过砂层的速率，即使暴雨也不会出现场地积水的情况。真草草根与人造草纤维根茎缠绕模型如图6-2所示。

图6-2 真草草根与人造草纤维根茎缠绕模型

4. 技术实施

（1）场地压实放线

场地粗平，采用铲车进行场地初平，使场地没有太大的坑洼，加快精平工作速度。场地初平如图6-3所示。

精平工作按照事先放好的方格网逐块控制标高，水准仪跟踪测量。保证平整度、坡度按照图纸设计完成面要求进行控制，平整完成后，选用振动压路机进行碾压。

（2）喷灌系统铺设

按照喷灌系统图开挖管沟，喷灌系统图需考虑在整个足球场地内设置足够数量的喷头，内场喷头为360°全周喷头，边线和端线处喷头为可调半圆喷头，四角喷头为可调90°喷头。喷灌系统满足任意24h内能够正常喷灌全部需要喷灌的球场，系统具备在

图6-3 场地初平

15min内将水快速喷灌到整个球场的能力。喷灌水管管沟开挖完成后，沟底铺垫砂。管沟开挖、管沟开挖完成、沟底垫砂及喷灌水管分别如图6-4～图6-6所示。

图6-4　管沟开挖

图6-5　管沟开挖完成

图6-6　沟底垫砂及喷灌水管

喷灌水管在地表按照设计的尺寸连接到一定的距离后，放入喷灌水管管沟中，再接口连接，在喷头位置接出立管。管道铺设完成后，在管道中间部位回填砂，管道的接口部位暂不回填。

（3）喷灌水管试压

将喷头连接管堵头堵死，在其中一个立管出口处连接空压机，在管道最高点的立管出口处安装排气阀，然后开始打压，检查管道所有接头是否破裂或漏水。在打压试验成功后，用回填砂覆盖管道，然后再回填土，浇水、填土，夯实，分层回填到素土面层。

（4）铺设土工布及排水管

整个排水管沟按照图纸放线挖掘，要求管沟顺直，沟底平整。排水管沟剖面呈梯形，排水沟坡度为3‰。挖好排水沟后，在素土层上方铺设土工布一层。

为保证隔水效果，土工布接缝处需保证最小重叠宽度。土工布铺设完后，在排水管沟底部（土工布上）铺上一层碎石，然后按设计图纸铺设排水管，排水管按"一字"形排布，排水支管间距5m。排水支管选用六面打孔双壁波纹管，排水干管选用双壁波纹管。管道内壁光滑，管道外壁坚实，再回填碎石至排水管以上。土工布铺设及排水管铺设如图6-7、图6-8所示。

图6-7　土工布铺设

图6-8　排水管铺设

（5）铺设碎石排水层

碎石排水层铺设前提前做好供应商的摸底考察，确保碎石级配。碎石排水层分为级配不一的上下两层，下层碎石粒径较大，上层碎石粒径较小，下层碎石排水层铺设完毕后再铺设上层碎石排水层。在靠近球场的一角，开辟材料中转堆场，将碎石由近及远进行铺设。借助激光平地机，铺设碎石排水层，边铺设边压实，平地后用激光尺测量，控制标高误差。碎石排水层铺设如图6-9、图6-10所示。

图6-9　下层碎石排水层铺设

图6-10　上层碎石排水层铺设

（6）铺设下层黄砂层

黄砂层铺设前提前做好供应商的摸底考察，须控制好级配等多项指标。黄砂层分为级配不一的上下两层，下层黄砂粒径较大，上层黄砂粒径较小，黄砂进场后再次进行筛沙，确保黄砂级配。黄砂筛沙完毕后进行摊铺，边摊铺边压实，并用激光平地机进行找平。下层黄砂铺设完毕后铺设上层黄砂。激光平地机按照先小圈后大圈的方式逐步扩大平地区域，平地后用激光尺测量，控制标高误差。筛沙、下层黄砂层铺设、激光平地机找平分别如图6-11～图6-13所示。

图6-11　黄砂进场后筛沙

图6-12 下层黄砂层铺设

图6-13 激光平地机找平

（7）铺设上层黄砂层

黄砂进场后再次进行筛沙，确保黄砂级配。黄砂筛沙完毕后进行摊铺，并用激光平地机进行找平，激光平地机按照先小圈后大圈的方式逐步扩大平地区域，平地后用激光尺测量，控制标高误差。人工铺设保水剂、草炭土、复合肥，铺设前保持黄砂层含水量达到或接近最佳含水量，如过干应洒水，用拖拉机旋耕，把保水剂、草炭土、复合肥搅拌均匀，完成后用压路机进行场地压实。各流程如图6-14～图6-18所示。

图6-14 上层黄砂层铺设

大型体育场馆
有机更新技术创新

图6-15　保水剂铺设

图6-16　草炭土、复合肥铺设

图6-17　拖拉机旋耕

图6-18　压路机压实

（8）自动喷灌控制系统安装

安装喷灌程序控制器，将电磁阀与控制电线连接好，同时将电磁阀控制线路通过喷灌程序控制器与水泵控制配电柜连接好，进行试运行调试。安装喷洒器，按照设计图纸放线，确定喷洒器终端位置。接上万向节调整喷头高度，要求喷头草帽杯顶面高度与草坪表面齐平。

（9）试水

打开控制开关，送水，冲洗管道，确保灌溉系统能够正常运转后才能种植草坪。

（10）植入锚固草

锚固草采用高精度专用机械植入，专用机械将成捆的锚固草纤维截断成40cm一段，特制钢钉按住截断后的锚固草纤维中间部位，将锚固草纤维植入黄砂层，植入深度为18cm，留在地表上的高度为2cm。特制钢钉将锚固草纤维植入后拔出，因其构造特殊，不会将锚固草带出，锚固草植入后呈网格矩阵布列。专用机械施工前，事先用全站仪打点，并拉线。专用机械沿着拉的线移动，每次可植入约2m宽区域的锚固草。锚固草植入图及布列图如图6-19、图6-20所示。

图6-19 锚固草植入

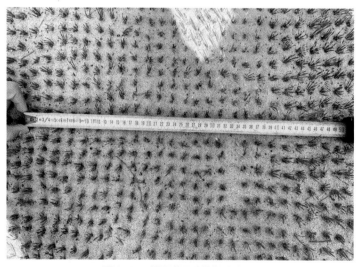

图6-20 锚固草呈网格矩阵布列

大型体育场馆
有机更新技术创新

（11）播种真草

　　草种选择时尽可能选择绿期长，对气温不敏感，耐践踏，抗病虫害能力强，适合在排水良好的砂质土壤中生长，不易擦伤人的皮肤，弹性、脚感、足球摩擦系数能达到国际赛事要求的草种。选用耐高温，抗寒性好，抗病虫害能力强，适合在排水良好的砂质土壤上生长，肥力要求中等的"兰引3号"草坪型结缕草。人工播撒真草草茎，并喷洒杀菌剂、生根剂。草茎播撒前须喷水湿润土壤，种植初期需水量大，需频繁浇水。用拖拉机拖拽植草机植草，完成后施肥浇水，覆盖无纺布，具体流程如图6-21～图6-26所示。

图6-21　人工播撒真草草茎

图6-22　喷洒杀菌剂、生根剂

图6-23　场地浇水

图6-24　植草机植草

图6-25　场地施肥

图6-26　覆盖无纺布

（12）草坪养护

草坪养护的好坏，决定着草坪建植的成败。草坪管理主要从灌溉、修剪、施肥、杂草控制、病虫害防治等多方面进行控制。

合理灌水，降低草坪湿度，选择适宜的浇水时间。适度修剪，修剪时严禁带露水修剪，保持刀片锋利。合理施肥，在高温、高湿季节增施磷钾肥，减少氮肥用量。利用药物控制杂草，对杂草连根去除，避免草籽落地。对草坪病斑要单独修剪，防止交叉感染，修剪后对刀片进行消毒，病害多发季节可适当提高修剪留槎高度。减少枯草层，可通过疏草、表施土壤等方法清除枯草层，减少菌源、虫源的数量。

5.技术总结

黄龙体育中心主体育场的足球场是中国南方建成的第一块锚固型混合草坪。严格按照相关最新标准规范结合欧洲顶级足球场建造技术进行施工组织，在不同阶段安排相关专业的欧洲草坪专家在现场指导施工养护，达到一次性验收合格标准。

草坪达到《天然材料体育场地使用要求及检验方法第1部分：足球场地天然草面层》GB/T 19995.1—2005，即满足世界杯、国际锦标赛、奥运会、国家级竞赛的要求。

6.3
装配式泳池施工技术

1.装配式泳池概况

本工程游泳跳水馆水球比赛泳池采用装配式泳池技术，整个泳池所有结构、材料、配件均可拆卸，便于赛后恢复原场馆的使用功能。通过Ansys有限元分析软件分析框架及支撑架、池壁、池底等受力情况，最终确定框架及支撑架的拼装方式，确定池壁、池底的材料选型。采用拼装泳池，赛后可直接拆除，改为篮球场或表演厅。为满足亚运会水球比赛要求，本工程泳池采用装配式泳池技术，比赛池选用25m×50.03m标准装配泳池，深度2m。装配式泳池平面图如图6-27所示。

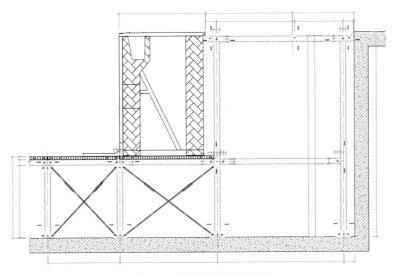

图6-27 装配式泳池平面图

2.装配式泳池优点

拼装泳池的施工方案存在工期短、成本低、适应场地、对原场馆结构安全影响小、可重复利用等优势。且游泳跳水馆功能区活动场地后续使用规划尚未确定，因此采用拼装泳池施工技术是最为经济环保的方式，有助于提高场馆利用率，符合杭州亚运会"绿色、智能、节俭、文明"的办赛理念。

3.技术实施

（1）钢平台组装

安装步骤：平台柱、横梁组装→柱、横梁安装→纵梁→钢支撑→平台板→钢格栅及花纹钢板。

主要构件吊装前必须做好各项准备工作，包括场地的清理，基础的准备，构件的运输、堆放，现场拼装平台的搭制、检查清理、编号等。

在现场搭制的拼装平台上，先按柱号将每组钢柱和横梁组装成门形框架，再分别吊装到位，以减少高空作业量，保证安装精度，加快进度，然后再安装其纵梁及支撑。结构安装时，要注意做好已安成品的防护工作。对平台下面需安装的设备若不能按计划进场，安装平台时就必须留有一定的空间，以便设备到货后安装就位。

平台框架结构安装、找正工作完成，进行平台板的铺设，以及平台格栅、钢板等安装工作。钢平台组装完成如图6-28所示。

图6-28 钢平台组装完成

（2）池底板安装

1）池底板转角及转角框架底座的安装及摆放

①1个池底板转角配2个转角框架底座。

②将转角框架底座用螺栓与池底板转角固定。

③按照放样的内框线，将4块组装件大致放置在相应的转角位置。

④从某一个转角开始，作为安装起点。

2）安装池底板-边及框架底座

①池底板-边分两种：一种是不带通水槽的；一种是带有通水槽的。

②按照图纸设计的要求，分别把这两种规格的池底板分类放置在相应位置。

③按照安装流程进行组装，注意在每个池底板的下方放置一块框架底座。

④从转角开始，把第一块池底板-边与转角的孔对齐，螺栓紧固，同时注意地面的弹线，与线直。

⑤以此类推，第二块池底板-边与第一块螺栓紧固，第三块池底板-边与第二块螺栓紧固，直到到达另一端的转角，与转角固定好后，继续组装另一条边，直到四条边都组装完成。

⑥注意最后一块池底板-边的安装，由于有卡槽结构，安装时需要抬起前面一块板。

3）安装池底板-中间

①池底板-中间分3种：一种是不带通水槽的，有一边有预埋螺母；一种是带有通水槽的；一种是不带通水槽的，无预埋螺母。

②按照图纸设计的要求，分别把这三种规格的池底板分类放置在相应位置。

③按照安装流程进行组装。

④从转角开始，把第一块池底板-中间与池底板-边的两条边上的预埋螺母对齐，螺栓紧固，同时注意地面的弹线，与线直。

⑤以此类推，第二块池底板-中间与第一块螺栓紧固，第三块池底板-中间与第二块螺栓紧固，直到到达另一端的最后一块，最后一块要用不带通水槽的，有一边有预埋螺母的池底板，固定好后，继续组装另一条边，直到整个池底组装到最后一个角上的最后一块，此块板用不带通水槽的，无预埋螺母的池底板安装。池底板安装完成如图6-29所示。

图6-29 池底板安装完成

（3）安装内围板

1）按照图纸设计的要求及安装流程进行组装。

2）从转角开始，第一个内围板转角和第一块内围板先固定好，整体放到池底板-边的相应位置上，在背面通过螺栓与池底板连接，通过螺栓与框架连接。

同时在内围板的对应槽位内打好密封结构胶，再把对应位置上的内围板按压上去。

3）按照顺序，先把最底层的内围板与池底板及框架连接好后，再进行二层内围板的固定连接，最后进行第三层的固定连接。

（4）安装支撑架

将整体焊接成型的支撑架，放置在框架底座和框架对应的卡槽内，通过少量的螺栓进行固定。

（5）安装溢水槽

1）按照图纸设计的要求及安装流程进行组装。

2）从转角开始，第一个溢水槽转角和第一块溢水槽先固定好，整体放到框架的相应位置上，通过螺栓连接。

同时在溢水槽对应槽位内打好密封结构胶，再把对应位置上的溢水槽按压上去。

3）按照顺序，把所有溢水槽全部安装完成。

（6）安装走道板

1）按照图纸设计的要求及安装流程进行组装。

2）从转角开始，将第一块走道板转角安装在内围板及框架上，和框架先固定好，同时在拼接边上打一条密封结构胶，用于与下一块走道的密封，再把对应位置上的走道板按压上去，背面与框架螺栓固定。

3）按照顺序，把所有走道板都安装完成。

4.技术总结

泳池通过支撑底座形成悬空结构，且相邻两根支撑柱之间的距离通过柱间水平支撑进行固定并定位，同时，相邻两根支撑柱之间还通过柱间斜支撑进行相互定位支撑，从而使相邻两根支撑柱之间形成牢固稳定的垂直安装固定，避免支撑柱在使用过程中出现晃动现象，安装方式更加方便，在拆装过程中灵活性更高。

支撑柱、柱间斜支撑、柱间水平支撑以及支撑横梁均采用通用件结构，在使用时，所有用于组装泳池的每个相同的零部件均能互换替换使用，可以进行灵活地更换和调整，使泳池的形状和面积控制更加方便简单，其形状可以根据现有的泳池底板材料进行调整，通用性更强，而且结构更加简单方便。

泳池底面通过支撑底座形成悬空结构，可以根据支撑柱的高度来控制泳池的安装高度，从而使其适用范围更广，通用性更强，对于恒温系统和水处理系统的拆装及检修等施工更加方便灵活，操作空间更大，既能够有效地解决现有泳池维护成本高、出问题后检修麻烦以及拆装不便的问题，又能够解决现有泳池组装效率低，配件通用性差，以及对于恒温系统和水处理系统的安装及检修困难的问题。

6.4
超高清斗屏更换技术

1.超高清斗屏概况

黄龙体育中心体育馆内拆除原2.5t斗屏后，需安装一块四面带椭圆形吊斗屏，总重约12t，斗屏总面积206.44m²，可供全场观众360°无死角关注比赛状况，斗屏最低可将其降至地面，最高可将其升至距地面21m处。

2.施工机械选择

虽然吊装方便，但是对显示屏稳定性和升降控制精度要求也较高，稍有偏差就容易产生倾倒现象，现有的吊装结构无法满足其稳定性和升降精确性的需求，而且，大型的显示屏在安装及后续维修过程中，人员进行装配效率低且维修难度高，因此，需要对整个升降系统进行改进。

为了解决现有技术中存在的问题，采用了室内立体环绕显示装置。室内立体环绕显示装置如图6-30所示。

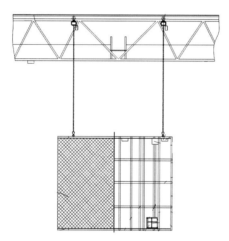

图6-30　室内立体环绕显示装置

使用后，整个机架通过上下两端的定型支架能够对外部轮廓进行精确定位，安装上装屏立杆后精确度更高，而且定型支架的各侧边均向外凸起形成弧形结构，能够使显示屏的面积更大，同时，通过检修层能够实现对显示屏的快速拆装及维修，也方便操作人员的站立与行走，有效地解决了现有可升降的环绕显示装置装配效率低且维修困难的问题，通过水平监控机构还能够对其在上下升降过程中的稳定性进行实时监控，从而避免出现机架上的安装组件或显示屏出现倾倒现象。

3.技术实施

（1）场地测量

体育馆斗屏是一块四面带椭圆形吊斗屏，面积206.44m²，安装位置在体育馆屋顶网架上，测量时根据显示屏图纸测量出显示屏中心位置，进而测量出显示屏的四个吊挂点位置，根据吊斗屏各边长度，复核四个吊挂点位置是否在显示屏钢架吊挂点正上方，测量完成后把四个吊挂点标示好，要再复核一次，确认基准点位正确后，首先制作电动捯链检修马道，制作吊挂点就可以进行吊挂点加固作业，固定电动捯链对夹钢板，固定好电动捯链。水平和垂直误差不超过5mm。吊挂点节点图如图6-31所示。

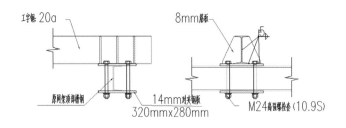

图6-31 吊挂点节点图

（2）钢架焊接与制作

背立杆焊接完成后可以进行装屏立杆和检修层（如有）的焊接，装屏立杆焊接垂直精度要求小于总高度的2‰，前后水平面精度误差在5mm以内。

钢结构全部焊接完成后，需要对焊点进行敲焊渣、除锈等作业，焊渣敲完后发现有漏焊或焊点不饱满的要进行补焊，补焊好后就可以涂刷防锈漆，防锈漆干后再进行银粉喷涂。斗屏安装俯视图如图6-32所示。

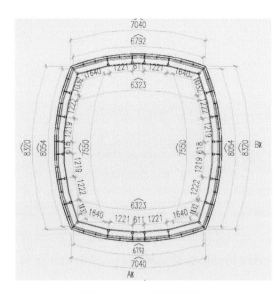

图6-32 斗屏安装俯视图

（3）尺寸复测

钢架制作完成，复测尺寸看是否在误差范围内，如果超出误差范围，应进行调整，直到符合要求为止。钢架完成后就可以安装模组了，安装模组要保证平整度，模组间缝隙不大于2mm。

（4）接线及检查

安装好显示屏的各个模组并验收之后，开始进行显示屏的接线调试步骤。

首先，将光纤收发器、机架式光纤熔接盒等设备安装架设到指定位置并固定好，将显示屏箱体按照设备要求进行分区，各个分区内的电源、转接板相互串联。再将配电柜的电源线与各分区的输入端相连接，使各分区的箱体都能够正常得电使用。将各分区的输入输出转接板用网线与光纤收发器连接，形成环路。

然后熔接光纤线缆，使用激光笔打光测试光纤线缆的通断情况，若光纤全部通光良好，则连接发送盒与接收盒之间的光纤线缆，同时检测电源线路是否有短路或断路的情况，光纤线缆与电源线路检测后没有问题或者隐患，则可以准备对显示屏进行通电点亮调试。

在光纤线缆和电源线接通后，显示屏内的冷却空调也可以进行安装调试。空调内外机按照图纸安装在显示屏的指定位置处，空调的冷凝水管需要做好保温防护，并将冷凝水管接入下水道，确保显示屏内不会因为空调制冷产生积水损坏屏体。

（5）显示屏调试

线路检查没有问题就可以通电调试了，检测单色、受控情况、显示灰度等级、文字、图片、视频等信息，这些都没问题就可以进行联调。

（6）显示屏包边

显示屏包边，显示屏只需上下及背面进行包边，包边颜色由业主确定，制作包边时，上下包边要进行总体分段，使每段包边大小一致，如果做不了完全大小一致，那就要使中间的大小尺寸一致，两个边沿大小相同，做到对称，铝塑板留缝2cm，便于打胶，打胶时两边要贴好美纹纸，保证胶条宽度一致，打好胶后撕掉美纹纸，打的胶界面就平直美观了。

（7）吊挂施工

在吊挂作业前，需要对每一个电动捯链的电源接线进行检查，排除电动捯链线路中的短路或断路问题，同时对电动捯链的三相电压进行检测，使四个电动捯链的三相电压保持一致；然后，对每一个电动捯链进行空载的升降测试，使电动捯链的运行情况与控制端指令保持一致。此外，四个电动捯链的升降速度不管是在空载还是有负载的情况下都要相同，保证电动捯链在吊运显示屏时能够同步稳定运行。至此，电动捯链的空载联动同步测试结束。

只有当电动捯链通过了空载联动同步运行测试后，才可以将显示屏与电动捯链连接固定。测试电动捯链的最高升限，然后把显示屏提升到指定高度。显示屏与电动捯链之间使用锁链进行连接，锁链上的螺栓必须拧紧，螺栓上也需要加一个插销固定。显示屏的电源线缆与信号线缆需要留有足够的余量，且在显示屏上升时能够自动收入线篓中。

1）分别空载测试单台电动捯链升降；2）挂载小量负荷测试单台电动捯链升降，每台都需要测试到极限位置是否会停止；3）挂载小量负荷测试4台电动捯链同步数据；4）吊挂显示屏钢结构提升测试，让显示屏匀速缓慢上升；5）观察电动捯链吊挂点是否在钢架吊挂点正上方；6）微调整吊挂点位置；7）提升钢架离地10cm停留20min；8）观察吊挂点及锁链受力情况；9）提升至上方观察1h；10）没有问题放下钢架安装显示屏屏体；11）包边；12）再试吊整体重量显示屏；13）重复7）～9）步骤；14）调整、设定电动捯链各项最终参数。

4.技术总结

采用室内立体环绕显示装置可实现对使大型显示屏稳定且精确地升降控制，控制精度高，安全性好，使用寿命长。同时，在施工时对屋盖结构的受荷性能进行初步评价，根据吊斗屏安装步骤，分别对斗屏吊装前、吊装过程中、吊装后（观测三次，分别为总荷载的30%、60%、100%），屋盖结构挠度进行共计5次的监测，确保斗屏施工安全。

6.5
预制型（运动）跑道施工技术

1.预制型（运动）跑道概况

预制型塑胶跑道，从下往上依次包括原跑道基层、原沥青基础层、沥青粘层油、沥青混凝土层以及若干预制卷材橡胶面层，所述预制卷材橡胶面层与所述沥青混凝土层之间设有聚氨酯PU胶粘剂，所述预制卷材橡胶面和所述沥青混凝土层均采用凸凹结构，所述预制卷材橡胶面层上设有跑道线，所述跑道线采用划线机画线，所述跑道线为橡胶基质的材料。能够解决在原有跑道上铺设预制跑道时出现的平整度低、防水性差以及容易分层、起鼓等问题，结构简单，施工方便，使用寿命长。

2.材料的选择

预制型卷材选用意大利MONDO跑道材料。

MONDO跑道材料是硫化橡胶预制表面，是天然橡胶与人工橡胶的混合物。面层根据业主的要求添加不同的色素，底层则保持本来的灰色或根据业主的要求制造。面层凸凹造型防止运动鞋钉刺穿，底层凸凹造型吸收面层传来的振动。

MONDO跑道经国际田联联合会检验通过，保证合乎IAAF关于跑道建设的所有规定、要求。MONDO亦是IAAF的官方供应商，从1970年起就开始生产预制型橡胶卷材材料。

该材料用的硫化橡胶能够抵抗各种恶劣的环境条件，乃至很多1970年铺设的跑道至今仍在使用，无需翻新。

该跑道材料的铺设方法是准备好沥青地基后，将该卷材与地基用一种特殊的聚氨酯PU胶粘剂粘合。铺设完成后，材料与接缝均不透水，所有跑道表面的水不能向下渗透。

跑道线使用划线机画线，采用线漆乃橡胶基质的产品，因此不会改变跑道面层的防滑性能，而且有效抵抗环境的侵蚀，颜色持久。

MONDO跑道不但得到了国际田联（IAAF）和中国田联发出的产品符合要求的证书，在经国际权威测验室现场测试后，也确认MONDO的预制型橡胶跑道在安装应用完成后，完全能符合国际田联的规定。

3.技术实施

（1）场地清理和修补

为了保证跑道面层的质量，必须对基础面进行彻底清理和修补，以利于充分发挥胶粘剂的粘结力和预制型橡胶跑道的平整度。

1）面层清理

①油污：用专用清洗剂洗除，机油污染严重区域须挖出重补。

②污灰：扫帚扫净后用吹风机吹干净。

③较牢固的凸状物：用铲刀铲除并清理。

④沥青层轮迹：用铁锤锤平，局部可加温后钢板夯平。

⑤泥土：用高压水龙头冲洗。

2）面层修补

①平整度及坡度要求

重点为根据《田径设施标准手册》和相关规范标准对已完工田径场基础进行测量、定位和质量验收。

A.平整度检测

以跑道的弯直道分界线为界，直道沿横向与纵向每3m标一个点，弯道以圆心点为圆心，用经纬仪或全站仪每5″做一放射状线，每3m标一个点，将3m直尺轻放于任何相邻两点之间，用塞尺测量最大局部凹陷空隙，每组30个测量点，并记录于场地平面图上。要求平整度合格点数（塞尺读数≤3mm）≥95%以上为合格。

B.基础坡度检测

用经纬仪或全站仪自跑道分界线开始，直道每10m标一组点，弯道以圆心点为圆心每15°标一组点，每组点包括第一道内沿和第八道外沿两点，再用水准仪测量每点的标高，并计算每组两点的高差和第一道及第八道同道上相邻两点的高差。要求跑道基础横向坡度≤1%，纵向坡度≤1‰。

C.基本点复测

用全站仪（2″级）测量两个圆心和通过圆心的直径放射线与第一、八道相关点的准确性，如果发现误差须及时报告并作相应调整。

D.基础层质量验收

跑道基础要求无明显裂缝，表面均匀坚定，无麻面，接缝平顺光滑，边际线角清晰，无缺陷。经洒水或大雨后无明显积水和波浪现象。

在任何方向和位置上，在3m直尺下应不出现超过3mm的间隙，在1m的丈量距离上不能有超过3mm的间隙，不能有超过1mm落差的阶梯状起伏。

②平整度检测

基础表面的平整度对卷材的铺设尤其重要，因此在铺设卷材之前，找出基础上不平整的区域是必须的，主要方法有：

试水：利用水的流动性，在跑道上浇水后，积水的区域便是较凹陷的位置。

铝合金直尺：使用3m铝合金直尺，利用合金尺本身的刚性，找出凹陷的区域。

拉线：紧绷的直线原理和合金尺类似，但可用于更加大面积的区域。

③标明需要处理的区域

在找出沥青基础上不平整的区域后，使用鲜明的喷漆标明需要处理的区域，一般会使用箭头、H（高）、L（低）等易懂的符号说明需要处理的情况。试水后，积水的区域即标识出了基础层上凹陷的位置。

④补积水，对基础的处理

使用聚氨酯材料补平凹陷处，配好所需要数量的聚氨酯材料，将其倾倒在需要填补的区域，用3m的铝合金直尺配合刮耙将其抹平。不要让多余的聚氨酯材料滴落在不需要修补的区域，同时修补区的边缘要确保刮平。

⑤使用打磨机磨平凸起处

对于凸起的地方，使用水磨机或者砂带打磨机将其打磨平整即可。

（2）基础复检

1）基础强度足够，无返砂返油现象。如果基础强度不合格，则需要同基础建设方现场试验，根据具体情况制定最佳的维修方案。

2）基础密实度要达到铺胶时补缝用胶量不超过0.3kg/m²。如果达不到要求，则需要用苯丙树脂为主要材料来修补。

3）基础平整度合格，积水面积不超过15％，并且积水深度不超过2mm。如果不合格，则需要用苯丙树脂为主要材料来修补。

（3）施工准备

1）施工作业平面布置准备

确定水电源位置，按规范接驳，确保安全；确定材料进出通道和码放场地；确定胶粘剂搅拌工作台面，要求地面平坦、坚实、干燥，并做好防护污染措施。

2）施工工具准备

检查工具和搅拌运输机械性能状况，并要求试机一遍，按该工程实况进行模拟操作，并按最优化原则尽可能缩短物料运输距离，确定先后远近施工顺序。

在铺设卷材之前，对场地进行精确的定位是保证铺设完成后的场地能够达到相关标准的步骤：

①铺设范围的确定

拥有两个半圆的运动场的两个圆心是用来定位的关键位置，半径为36.5m的400m标准场地的圆心理论距离为84.39m。需要使用全站仪来对圆心进行精确的定位，再加上主跑道铺设的宽度，就是辅助区铺设的边缘线。如果是非标准跑道或运动场，则需按设计图铺设。

② 卷材摆放

定位完毕后，将指定区搭接的第一道卷材运到指定位置，拆掉包装后铺开，注意第一卷卷材的铺放一定要严格按照定位线摆放。第一卷卷材是后续卷材铺装的参考物，定位一定要准确。挑选适当长度和宽度的橡胶跑道卷材（注意：先不用刮涂胶粘剂），铺开时，卷材之间的横向接口要重叠100mm以上，纵向接口要重叠4±0.5mm（注意：每条预制卷材出厂时，宽度比施工设计的宽度大4±0.5mm），目的是在粘结卷材时，需要采取挤压方法安装。

铺开预制卷材时，要注意以下几点：卷材表面的纹路有方向性，所以要按同一方向铺开，否则会出现导向性色差；铺开卷材数量的多少要以方便当天施工为准，并且注意要预留搬运胶粘剂和砖块的通道；将已铺开的橡胶跑道卷材，以每条为单位，从两端收卷在中间并拢；收拢时依然要注意卷材的边缘需要准确地对准定位线。

（4）胶粘剂的调配和涂刮

胶粘剂的配置：按照预设配合比及现场试验情况（根据施工当时的温度和湿度，需要预先试验得出胶粘剂的最佳配合比），准确地称量双组分聚氨酯胶，混合后用电动搅拌器充分搅匀。

胶粘剂配合比甲组:乙组=1:3。

材料搅拌场所应铺设胶布或塑料布，避免污染地面损及施工品质及影响环境清洁。搅拌桶之容量为搅拌量的1.5～2倍，使用前搅拌桶应干燥及清洁。混合材料时应先倒入胶粘剂甲组分，再倒入乙组分后充分搅拌，搅拌时间控制视当时具体温度与湿度而定（70%湿度、25℃温度的基本混合搅拌时间为3.5min），搅拌均匀的混合料应及时运送到作业区。胶粘剂材料需要量根据施工进度确定，搅拌时应避免水分进入搅拌容器。每次投料数量、搅拌时间及时记录，每班组当天汇总总结。

步骤：计量→投料→搅拌→出料→运至工作面。

涂刮：从第一道开始，在每卷预制卷材两端的基础表面上刮涂配置好的胶粘剂，用量按每平方米1.3～1.5kg为准。胶粘剂刮涂区域的长度以超过卷材的长度300mm为准，宽度以超过卷材的宽度10mm为准。涂胶可以使用钉耙或者刮板，胶粘剂的厚度要适中、均匀，不能有过厚或者过薄，甚至遗漏的地方。

（5）铺前定位

本工程施工测量工作量大，点多线多，标准要求高，而且测量控制工作有其特别的系统严密性、连续性，为满足国际田联划线标准来不得半点差错。

测点放样前，认真研究图纸，理解设计意图，检查仪器设备是否完好，是否经过检测等准备工作，确定测量放线的方案和顺序。

首先确定场地高程，由业主提供的水准点为基准进行测量放线，确定跑道坡度。其次由建筑轴线确定场地轴线，在场地中心位置建立3个轴线基准桩点，用跑道线、助跑道线、管线敷设测量定位。特别严格控制场地内环排水沟的测量放线控制，其精度是整个场地的关键环节。

主要采用的仪器及工具包括：全站仪、经纬仪、水准仪、水准尺、50m钢尺等。

本工程的定位将采用"坐标定位"的方法来进行轴线控制。垂直部分采用经纬仪和激光铅垂仪控制。水平采用往返"精密水准"测量。

1）平面轴线控制测量

基准平面控制网的设置以业主提供的基准点为依据。其基准点精度应控制在2mm以内。基准点的精确程度将直接影响整个工程的测量精度。

基准控制网是建立在基准点的基础上的。设置时要求同时满足稳定、可靠和通视三个要素。同时，还需附加一些保证措施，建立一个控制副网或设置方位汇交点等方法来防止基准控制网遭到不可预见事件的破坏。标高以业主提供的水准点为基准。

2）轴线控制测量

利用基准平面控制网中的某一点作为测站（满足通视和方便的要求），采用平面坐标测量法测量轴线，原则上应一次测量到位。轴线坐标控制点测完之后，互相之间应进行校核。同时可检验偏差情况，以及时纠正。垫层施工完毕将测量网分别对各轴线的汇交点对号入座，投设到垫层上，弹线，做上红漆标志后方可实施。测量放线示意图如图6-33所示。

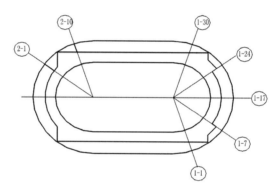

图6-33　测量放线示意图

3）高程控制测量

①基准水准点的建立

根据业主提供的城市等级水准点，采用往返水准或闭合水准测量。用精密水准仪测出施工基准水准点，测量精度按二等水准精度测设。施工基准水准点应布置在受施工环境影响小且不易遭破坏的地方。以基准水准控制点为依据，用精密水准仪采用闭合水准测量的方法，将高程引测至基坑边的临时水准点处。

基础施工完毕，将水准基准点引测至基础做好标志，并弹好水准线，以此线通过外墙大角向上传递，控制标高，为确保精度，定期以水准基准点对基准线进行校核。

本工程施工测量工作量大，点多线多，标准要求高。而且测量控制工作有其特别的系统严密性、连续性，不允许有半点差错。在操作过程中，本公司成立由2名工程师组成的专业测量组，认真钻研图纸，从每个点、每条线开始，扎实控制好局部的标准精度，再进而组织好全局的施测工作，提高施测精度和施测效率。

测点放样前，认真做好内业准备工作，校正仪器设备，拟定施测方案。现场精心操作，对不符合精度测量成果的必须复测，绝不马虎了事。主要采用的仪器及工具为：S3型水准仪和J2经纬仪、水准尺、钢尺、锤球、花杆。

②水准的控制方法

将建设方移交给本公司的水准点（高等级水准点，布置在工地附近区域）作为整个工程水准的基点，采取四等水准交高程引测到施工路段的两侧及分隔带内比较合适的地方，设固定的水准点（Ⅱ级点）。要求该点均布在线两侧，两点相间以不超出100m为宜，设置在高程桩上。当进行到施工测量时，就近利用（Ⅱ级点），这样大大提高了工作效率，确保测量成果的精度。田径场跑道结构图如图6-34所示。

③平面控制方法

A.复核所移交控制点是否有误；

B.利用控制点放出中心线上的施工控制点。

（6）卷材的铺装、粘结

1）铺装顺序

铺装顺序：先直后弯、由远到近、从里到外，收口位置即退场位置。

①确认当天需要完成的面积和区域。

②用专用运输车把卷材运至铺贴工作面后展开并让其舒展至基本平直。

③检查卷材的边沿有无损坏。

④人力调整到位，将卷材对准地面已定好位置（从第一道开始）的跑道道宽标志线进行试铺。

⑤将当天要铺设的跑道卷材重复以上步骤试铺，将两块卷材对接处切割整齐。

⑥待卷材试铺完毕后，按标志线将卷材重新卷起。

⑦把已搅拌好的胶粘剂用专用带齿镘刀或刮板批刮到基础上，把卷材平直而准确地展开并使之铺贴在胶粘剂面上。

⑧边粘边用滚筒滚压，并在卷材周边上压上红砖，确保周边粘结牢固。

⑨两块卷材的接缝处采用推挤法施工，尽可能做到接缝处无空隙。前一天完成的跑道接缝处，若局部出现空隙，第二天即可采用手压枪压胶法打胶压填接缝，待干固后用割刀修平。

⑩弯道处的卷材铺贴方法同上，但需人力调整拉伸卷材，使其边沿与道宽标志线重合。

⑪将卷材按预定方向铺开粘结，调整卷材的位置，保证卷材沿着预设的定位线前行，以固定在预定的位置上（图6-35）。

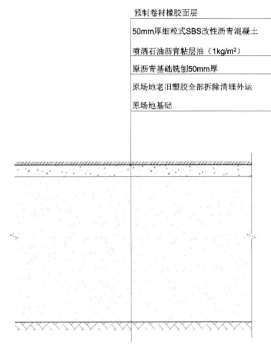

预制卷材橡胶面层
50mm厚细粒式SBS改性沥青混凝土
喷洒石油沥青粘层油（1kg/m²）
原沥青基础铣刨50mm厚
原场地老旧塑胶全部拆除清理外运
原场地基础

图6-34 田径场跑道结构图

图6-35 卷材铺贴、粘结

2）注意事项

①压砖在胶粘剂固化前可用木板在卷材表面压抹，赶走底层可能存在的气泡，并且使卷材表面平整，然后用砖块平压在卷材的四周边上，直到胶粘剂完全干固为止。砖块的选择：以底面平整，不开裂，不掉落粉尘为宜。

②卷材接缝处理，卷材之间横向接口的处理：将准备粘结的卷材按以上方法粘结好，并将卷材的一端重叠在已粘结好的卷材的一端上100mm。在距离接口30cm左右的地方可以适当用数个水泥钉加固，保证在接口过程中卷材不会收缩。

③用钢尺和钢刀将重叠部分的卷材平行切割掉96±1mm，并在切口截面涂少量胶粘剂，然后将卷材挤压粘结在基础上并同已粘结好的卷材一端紧密对接。确保接口平整后，用砖块压实直到胶粘剂完全干固为止。沿着接缝，一边挤压接缝，一边连续压砖跟上，然后迅速压上第二排，接缝处压砖以4块为宜。

3）后续直道的铺设

在第一道胶粘剂完全干固后，可以铺设第二道，铺设第二道时，方法同上，但铺设第二道时，第二道要在纵向方向重叠在第一道上3～5mm，并采用挤压的方法粘结，注意同第一道接口处要保持水平；用滚筒滚压时，滚筒应跨到第一道50cm左右，以保证两条道尽可能在同一平面上。卷材粘结完后，及时用砖块将卷材四周压实，直到胶粘剂完全干为止。第三道以后的橡胶跑道铺设方法同第二道的铺设方法。

卷材接缝线分为两种。一种是纵向接缝线，一种是横向接缝线（位置同卷材的长短有关）。纵向接缝线同分道白线重叠。为了使运动场外观接缝处不明显，应尽可能将横向接缝线同起点线等体育工艺线重叠。同时确保接口的处理，保证横向接口和纵向接口都得到"卷材重叠挤压处理"，保证每条接口都达到天衣无缝的效果。

4）弯道的铺设

弯道部分的卷材粘结铺设时，将第一道的卷材外侧按场地设计的弧度自然排开。这时卷材的内侧会有微小的打折，这时用砖块压平压实即可。铺设的其他工作同直道部分的一样。弯道的铺设由于跑道曲度的存在，卷材本身回缩的受力较大，因此可在接口处多钉两排钉子以增强固定卷材的力度。

铺设不规则区域时卷材的裁剪方法：卷材铺设过程中，经常会碰到不规则的区域或者接口，为了保证整体铺装效果的整齐以及美观，不规则的直线接缝，用铝合金长直尺做辅助，将卷材裁直。

（7）划线

1）材料：弹性聚氨酯画线漆。材料特点：耐磨，不变色，附着力强。

2）用鉴定过的钢尺、经纬仪放设点位线，各点位数据参照体育工艺的要求，内控相对误差为 ±0～ ±1/10000。

3）按点位线及色别喷漆，如图6-36所示。

图6-36 喷漆

（8）清理退场

将场地清理干净，整理直到达到验收要求，再申请验收。

6.6
运动木地板施工技术

1.运动木地板概况

体育场用木地板，从下到上依次包括：地基层、减振层、找平垫块、实木龙骨、旋切层压板、隔声层、实木地板以及防滑耐磨漆层，相邻两根实木龙骨之间设有加密龙骨，加密龙骨的上下两侧分别预留3mm厚度的弹性变形缝隙，地基层上设有若干装有线盒、预埋件以及地沟的凹槽，凹槽上设有活动实木盖板，活动实木盖板与实木龙骨之间设有磁吸机构，活动实木盖板通过磁吸机构吸附在实木龙骨对凹槽进行封闭。这样能够解决地板缓冲效果差且龙骨弹性变形量小以及地面凹槽覆盖麻烦的问题，耐磨性好，隔声效果好，使用寿命长。铺设完成的运动木板如图6-37所示。

图6-37　运动木板铺设完成

2.技术实施

（1）木地板基层处理

利用铣刨机将旧有基层清除干净，准备出干净平整的表面，以达到新基层施工的条件，同时将清除出的废料运出。

现场铣刨与废料清理同时进行。铣除的基层底板平整，凹槽四壁无松动颗粒且保持相对顺直。铣削完毕后立即进行人工整平，并用空压机彻底清除剩余残渣。

找标高弹线：根据墙上的水平控制线，往下量测出面层标高，并弹在墙上。

抹灰饼和标筋（或称冲筋）：根据面层标高水平线，确定水泥砂浆厚度（不应小于20mm），然后拉水平线开始抹灰饼（5cm×5cm），横竖间距为1.5～2.0m，灰饼上平面即地面面层标高。为保证整体面层平整度，还须抹标筋（或称冲筋），将水泥砂浆铺在灰饼之间，宽度与灰饼宽相同，用木抹子拍抹成与灰饼上表面相平一致。铺抹灰饼和标筋的砂浆材料配合比均与抹地面的砂浆相同。

搅拌砂浆：水泥砂浆的体积比宜为1∶2（水泥∶砂），其稠度不应大于35mm，强度等级不应小于M15。为了控制加水量，应使用搅拌机搅拌均匀，颜色一致。

刷水泥浆结合层：在铺设水泥砂浆之前，应涂刷水泥浆一层，其水灰比为0.4～0.5（涂刷之前要将抹灰饼的余灰清扫干净，再洒水湿润），不要涂刷面积过大，随刷随铺找平砂浆。

铺水泥砂浆面层：涂刷水泥浆之后紧跟着铺水泥砂浆，在灰饼之间（或标筋之间）将砂浆铺均匀，然后用木刮杠按灰饼（或标筋）高度刮平。铺砂浆时如果灰饼（或标筋）已硬化，木刮杠刮平后，同时将利用过的灰饼（或标筋）敲掉，并用砂浆填平。

木抹子搓平：木刮杠刮平后，立即用木抹子搓平，从内向外退着操作，并随时用2m靠尺检查其平整度。

铁抹子压第一遍：木抹子抹平后，立即用铁抹子压第一遍，直到出浆为止，如果砂浆过稀表面有泌水现象时，可均匀撒一遍干水泥和砂（1:1）的拌合料（砂子要过3mm筛），再用木抹子用力抹压，使干拌料与砂浆紧密结合为一体，吸水后用铁抹子压平。如有分格要求的地面，在面层上弹分格线，用劈缝溜子开缝，再用溜子将分缝内压至平、直、光。上述操作均在水泥砂浆初凝之前完成。

第二遍压光：面层砂浆初凝后，人踩上去，有脚印但不下陷时，用铁抹子压第二遍，边抹压边把坑凹处填平，要求不漏压，表面压平、压光。有分格的地面压过后，应用溜子溜压，做到缝边光直、缝隙清晰、缝内光滑顺直。

养护：地面压光完工后24h，铺锯末或其他材料覆盖洒水养护，保持湿润，养护时间不少于7d，当抗压强度达5MPa才能上人。

（2）JS防水涂料施工

基层必须平整，表面有强度，不得有松散、裂缝、空鼓、起砂、凹坑等缺陷，并清理干净。

JS防水涂料施工前应先对阴阳角等局部做附加层进行加强处理，附加层宽度500mm，每边250mm。

涂刷JS防水涂料第一遍，材料配合比为m（液料）:m（粉料）:m（水）=10:7:0.2。涂刷要均匀、致密。JS涂料要求与基层粘结牢固，无空鼓、起皮、开裂等现象。

铺贴无纺布一遍，不得有空鼓、翘边现象，长边搭接不小于70～100mm，短边搭接不小于100～150mm。

涂刷JS防水涂料第二遍和第三遍，材料配合比为m（液料）:m（粉料）:m（水）=10:7:0.2。涂刷应均匀、致密，每遍涂刷方向应互相垂直，实现防水涂料厚度，成品涂刷厚度为1.2～1.5mm。

检查修补：施工完成后，待JS防水涂料结膜后及时对防水层进行检查，采用小刀裁割小块，实际测量防水层厚度。按100m^{2}检查一处，对涂膜厚度达不到要求的增加涂刷遍数，直到达到厚度，达到厚度以后方可验收。

（3）斯利普定系统木地板安装

1）清理现场，材料就位。

2）施工放线：按照安装方案图纸上的胶垫间距在龙骨上进行排布，要求居中摆放，用码钉固定。

3）龙骨胶垫拼装：龙骨的铺装方向与图纸面板的铺装方向垂直90°，距地板图纸边缘3cm的位置和龙骨边缘起始位置并弹线标记。

4）铺防潮薄膜：防潮薄膜铺装时木地板安装区域均须全覆盖且无露底，靠近地板边缘区域应超出边缘区域5～10cm，对接位置须搭接3cm以上使用胶带进行粘结，防潮薄膜平整无破损。

5）铺装龙骨：对应弹好的墨线铺装龙骨。

6）铺装层板：铺装的毛板方向应和龙骨方向相同，与图纸上面板方向形成90°垂直。

7）测量面板含水率：用仪器测量面板含水率，制定伸缩缝预留方案。

8）铺装面板：从中心向两侧铺装面板，每十块木板留一条缝，作为伸缩缝，缝宽3mm。留缝时在相邻留缝木板间放置一条3mm宽自由麻绳，固定留缝间距，木板固定后再将麻绳抽出。木板留缝、麻绳放置位置如图6-38、图6-39所示。第一条铺装的面板与毛板间应涂抹木工胶（用红外水平仪确定中心线起始板铺装平直度）。

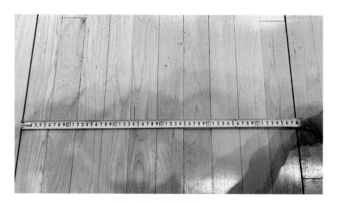

图6-38 木板留缝

图6-39 麻绳放置位置

9）面板打磨：顺着面板铺装方向进行打磨，手压手柄力度保持均匀，面板打磨需进行4次，不同型号的砂纸由粗到细打磨分别为进口面板40号、60号、80号、100号。

10）面板上漆：使用把子刷两底两面四遍油漆。

11）安装踢脚线：将已经刷好油漆的踢脚线在地面组装好，固定到地面和墙面。

12）地板划线：按安装方案定位贴美纹胶纸，画白色油漆线。

13）场地清理：清理恢复施工过程中污染的场地，以及施工中产生的垃圾打磨锯末、生活垃圾等。

3. 技术总结

在纵横交错的实木龙骨之间添加了若干加密龙骨，加密龙骨的上下两侧分别预留3mm厚度的弹性变形缝隙，当实木地板的悬空区域受到压力后，既能够保证实木地板

大型体育场馆
有机更新技术创新

具有一定的弹性升降空间，又能够使实木地板在受到重击时通过背部与加密龙骨的接触实现支撑固定，从而既保证了实木地板的缓冲力，又保证了实木地板的使用寿命及抗击强度，而且密龙骨的上下两侧分别预留弹性变形缝隙，能够使实木地板受到的冲击力过大时，实现减振层、上弹性变形缝隙以及下弹性变形缝隙三重减振缓冲，从而使整个实木地板在使用时更加舒适稳定，使整个实木地板的缓冲效果更好，稳定性更高。

整个体育场的地面上通常存在一些因地插、沟渠以及预埋件等结构而形成的凹槽，为了保证这类凹槽上既能够实现实木地板的通铺效果，又能够保证随时能够打开的目的，在凹槽上安装活动实木盖板，活动实木盖板与实木龙骨之间通过磁吸机构吸附固定，当活动实木盖板安装后，活动实木盖板通过磁吸机构吸附在实木龙骨上进行牢固安装，从而实现对凹槽的闭合，当需要打开时，只需将活动实木盖板从凹槽上单独挖出就能够实现打开，结构更加简单方便，整体美观度更高，有效地解决了目前采用通铺或者通过其他专门的盖板进行封盖时存在视觉突兀以及结构复杂的问题。

6.7
本章小结

本项目是浙江省目前规模最大、功能最全的现代化体育设施之一，是一个集体育比赛、文艺表演、健身娱乐、餐饮住宿、商务办公和购物展览于一体的多功能场所。

本工程是改扩建项目，作为杭州亚运会主要比赛场馆规模大、工期紧、任务重、各专业交叉施工多，各分项工程亚组委、省体育局、黄龙体育中心都制定了很高的质量要求。项目采用了大量体育工艺技术来提高工作效率和工程质量，为赛事举办提供更好的体验及保障。

第7章

智慧场馆
与运维服务
技术

7.1
智慧场馆应用简介

1.智慧场馆简介

浙江省黄龙体育中心亚运会场馆改造项目智慧场馆是一套由多技术集成的智能化平台管理系统，运用BIM（建筑信息化模型）、VR（虚拟现实）、物联网、移动互联网、大数据、云计算、边缘计算、AI（人工智能）等现代信息技术，实现对体育场馆可视化、物联化、信息化、人性化、智能化的全方位管理手段。

2.智慧场馆应用点

（1）BIM技术

项目改造过程中将BIM技术融入设计施工过程，进行设计优化、土建深化设计、机电深化设计、三维管线综合设计、施工模拟、钢结构预制加工、进度管理、预算与成本管理、质量管理、施工验收等应用，解决原存档图纸不精确、建筑功能类型多、存在大量异型曲面构件、管线综合排布空间小等问题，从而达到提升建造品质，提高管理效率的结果。体育场部分模型图如图7-1～图7-4所示。

图7-1 体育场建筑模型

图7-2 健身服务用房建筑模型

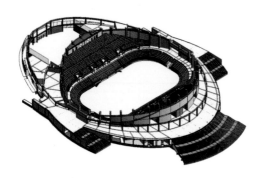

图7-3 体育馆结构模型

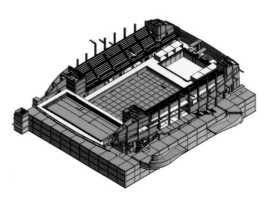

图7-4 游泳跳水馆结构模型

1）BIM应用

①全专业协同

从设计阶段开始，利用BIM建模，从二维图纸到三维模型的过程，发现土建、钢构、机电、装饰专业的冲突碰撞等各类问题，并把建模过程中发现的问题整理成图纸碰撞报告，及时反馈给相关单位，并召开图纸会审，将这些问题在图纸会审上解决，避免延误工期造成损失。全专业BIM整合模型如图7-5所示。

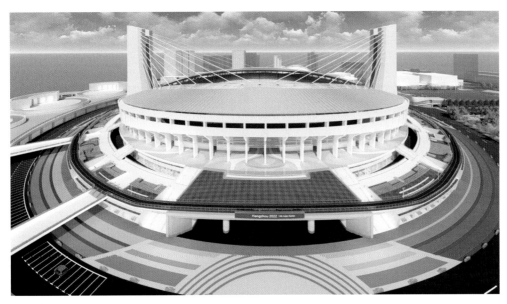

图7-5　全专业BIM整合模型

模拟建造各专业的管线布设与建筑、结构平面布置和竖向高程，应用BIM软件检查施工图中的碰撞问题。由于场馆内管线多、空间小、室内吊顶较高，运用BIM技术对室内主要房间、公区走道以及主要通道口进行净高分析。完成项目设计图纸各专业之间的平面布置和竖向高程相协调的三维协同设计工作。机电管线优化排布如图7-6所示。

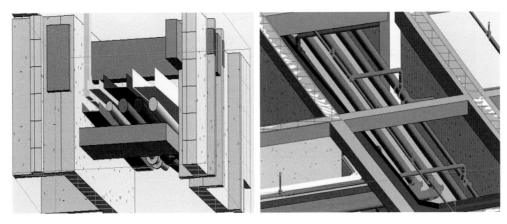

图7-6　机电管线优化排布

②室内装修、室外景观设计效果模拟

根据装修设计图纸在Revit模型里布置室内装修场景，通过LUMION软件进行效果模拟，生成漫游视频，供相关人员核查，提出修改意见。渲染出图展现装饰效果，便于对装饰材质样式和装饰平面布置有更多的参考与选择。室内装修设计效果模拟如图7-7所示。

图7-7　室内装修设计效果模拟

根据景观设计图纸布置室外景观绿化场景，通过LUMION软件进行效果模拟，生成漫游视频，供相关人员核查，提出修改意见，利用直观的方式，极大提升了对景观效果的评估效率。室外景观效果模拟如图7-8所示。

图7-8　室外景观效果模拟

③钢结构建设应用

通过BIM模型，分析转弯处钢梁做法（直梁或弧梁）对净高的影响，结合建筑专业进行优化设计，提升人行通过时的舒适度。钢结构BIM模型如图7-9所示。

大型体育场馆
有机更新技术创新

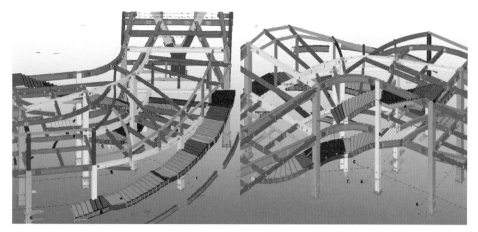

图7-9　钢结构BIM模型

利用 BIM 技术进行钢结构构件预制加工，预制加工应用成果包含了加工模型、加工图，以及产品模块相关技术参数和安装要求等信息。

在TEKLA软件里构建好钢结构模型后，利用软件直接生成各种构件及配件清单，导出成表格形式，供工厂下料。表格数据包含型材、材质、尺寸、零配件等内容。

2）BIM成果

①三维校审

完成各专业BIM三维审图、机电管线（MEP）各专业碰撞检查、机电管线（MEP）综合优化、设计优化辅助出图，根据BIM模型调整局部或整体的二维图纸（dwg格式）。

②场地布置

针对项目场地布置建立BIM模型进行优化，展示项目的空间结构，提前发现和规避问题。

③碰撞检查

通过BIM模型进行碰撞检测，提出相应的问题报告，对图纸上不合理的地方提出修改意见，使项目在施工前或施工中就能有效避免返工等问题，节约资源，为各方都提供一定的价值收益。

④管线综合

利用BIM技术在三维建筑模型上设计各类机电管线，分析管线排布空间的特点，并对管线的排布进行全专业协调和优化的技术。使管线的排布设计更合理，既能解决管线碰撞、满足空间需求，也能提升施工效率，节省成本。

⑤效果模拟

配合业主、设计院和监理单位，运用三维可视化技术BIM对本项目做必要的方案，比如装修材料色彩的选用与布置合理性等。

⑥4D施工模拟

配合建设单位、设计单位和监理单位，运用三维可视化技术对项目建设规划做必要的模拟与修改。

⑦工程量统计

利用BIM模型信息数据，可以较为精确地完成工程量统计，协助各专业施工单位提供建造中预制构件的三维详图和加工数据。

⑧质量、安全管理

通过BIM-5D软件平台录入质量安全等问题，并统一在云端和PC端管理，减少了项目质量安全管理人员的数据准备工作量，减少与项目领导、监理等的沟通成本、沟通时间。

⑨施工指导

对于部分重难点节点，以三维模型的形式让施工人员更加全面地认识该节点的具体构造和施工顺序。

⑩竣工模型的建立

在竣工阶段提交LOD400级模型及转化过的轻量化模型，保证竣工模型与现场一致，模型信息参数准确、完整，确保可以为后续建筑运营维护提供数字化基础。体育场-1层、1层轻量化BIM模型如图7-10、图7-11所示，体育馆1层轻量化BIM模型如图7-12所示，游跳馆1层轻量化BIM模型如图7-13所示。

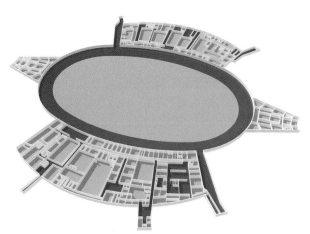

图7-10　体育场-1层轻量化BIM模型

图7-11　体育场1层轻量化BIM模型

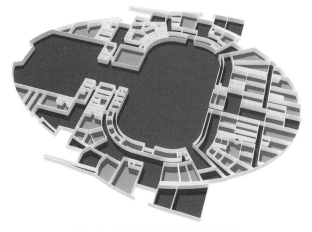

图7-12　体育馆1层轻量化BIM模型

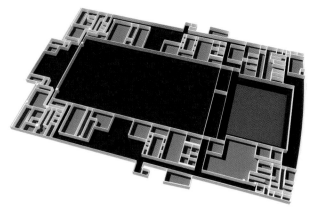

图7-13　游跳馆1层轻量化BIM模型

大型体育场馆
有机更新技术创新

（2）智能集成技术应用

本项目智慧场馆是以三维模型作为数字化基础。将BIM模型进行轻量化转变并应用到智慧场馆管理系统中去，从而实现对场馆的管理、运营、赛事的全景展示。

基于物联网及大数据技术，实现16大类1万余个前端设备及系统的集中运维（包括状态实时监测、告警实时感知、故障实时派单处理）；实现多类设备远程控制（包括建筑设备、智能照明设备、场地扩音设备、LED显示、门禁、停车场管理、安防设备）；实现多类设备自动控制（包括照明、空调、安防自动化，人流聚集及设备告警与就近监控的协同），见表7-1。

利用人工智能技术，对监控视频进行算法分析，提供包括人脸布控、人脸轨迹、人脸门禁、视频周界、人员热力、车流统计等内容的服务；基于云计算技术，对各项前端采集到的各种数据信息保存至云平台并进行协调整理，传输至数据大屏。

数据大屏根据可视化场景需求对各类数据资源的采集、缓存和统计分析的相关数据进行体现，集成自控系统、消防系统、监控系统等各类子系统采集的数据，实现场馆的空间、设备、管线、环境、监控、监测、报警等可视化运营管理，并以信息要素、业务模型等多种形式内容选择相关信息处理方法，为赛事运营、日常运维提供数据保障。

智能集成技术对接设备明细表　　　　　　　　　表7-1

序号	分类	设备名称	对接系统	对接协议	设备点位数
1	能耗	能耗计量设备：水表、电表、能量表（建科院）	实时能耗平台	MODBus、BACNet接口	2100
2	BA	冷热源、给水排水、供暖、通风、空调、电气、电梯、压缩机、风管机	建筑设备管理（BA系统对接）	MODBus、BACNet接口	1116
3	水质监测	游跳馆水质监控设备	直连	MODBus、232/485接口	2
4	监控	监控摄像头	SDK	SDK	1045
5	安防	安防升降柱	智慧安防升降柱管理平台	云台Http	371
6	门禁	门禁设备	智能门禁管理系统	SDK	500
7	道闸	道闸	智慧停车管理系统	SDK	8
8	网络设备	交换机、Wifi	网络管理平台系统	SDK、Http	1155
9	LED屏幕	LED屏幕：指挥大屏、广告屏、导览屏	LED显示系统	云台Http	3
10	环形屏	环形屏	采购后确定	采购后确定	3
11	照明	场地照明、室内照明、灯杆	智能照明管理	MODBus、BACNet接口	320
12	一体化机柜	一体化机柜	智能机房系统	SDK、Http	13
13	环境监测	环境监测设备	空气监测系统	MODBus、BACNet接口	2
14	场地扩声	场地扩声设备	场地扩声系统EV（新）、游跳（BOSE）		380
15	报警接口	报警接口	消防检测管理	厂家提供接口协议	497
16	衍生体育应用	系统对接	采购后确定	采购后确定	

7.2
智慧场馆5G+应用技术

1. 5G+应用概况

本项目占地面积大，场馆多，布局分散。其中，室外部分面积大，具备适合布置设备的点位少；室内部分结构复杂，单独房间多，对信号传播衰减影响大。通过5G专网的合理布设，与人工智能、云计算等新技术协同创新，与物联网、大数据等产业协同发展，充分化解人与空间、距离的割据。同时，在工程、管理、运营、服务上根据不同服务对象的差异化需求做出智能配置，形成全新的商业模式和优秀的服务体验，驱动体育场馆的智能化转型。

2. 应用特点

（1）针对亚运会场馆，特推出了5G超密专网+边缘计算及大容量、低时延的网络覆盖方案，对重点地区、人群密集地区、业务繁忙地区的网络质量提供可靠、有效的保障。

（2）创建5G智慧场馆管理系统，通过该系统，实现人、场、物的即时感知，以及人、场、物之间信息的互通。通过对人、场、物等的信息管理和状态监测，以及对历史数据的分析和建模，推演预测未来，推动场馆的运营向数字化、智慧化转变。通过可视化技术，基于场馆、场地、设施、网络等对象感知数据的可视化管理，达到运营管理的科学决策、主动服务，提高了服务的效率和服务的质量，完美支持智能办赛的实现。

（3）充分利用5G泛在网络和5G创新平台，针对智能参赛和智能观赛，推出多种多样的5G智慧应用，令现场观众与远端观众都可以得到完全不一样的观赛体验。同时，更是针对现场观众，推出了5G娱乐项目，让观众在观赛之余，更能够充分感受体育的魅力。

3. 技术工艺

（1）5G专网布置

1）黄龙体育中心基站整体布置方案

黄龙体育场馆群以体育场为中心，在体育场内圈设置6个宏基站，外圈辐射状设置8个微基站作为补充，其余各场馆、人员活动区域按人流量需求设置11个微基站，以此保证信号传输的稳定性、可靠性。黄龙体育中心场馆群基站布置图如图7-14所示。

2）黄龙体育场5G网络布置方案

黄龙体育场看台可容纳约52000名观众，是信号传输密集区，也是需要保证网络质量的重点区域。按移动市场占有率70%计算，约有36400名观众会在看台区域使用中国移动的服务，其中5G终端渗透率占50%，4G终端渗透率占50%。以单用户业务网络需求——5G上行2M、下行10M，4G上行0.25M、下行1M；超密环境单小区能力的天

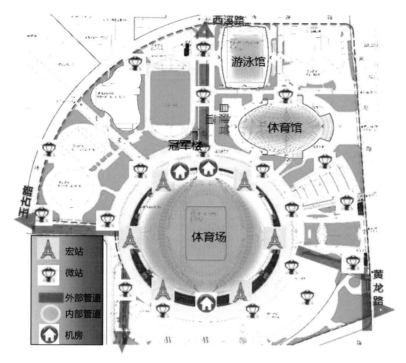

图7-14　黄龙体育中心场馆群基站布置图

线下沉速率——5G：50M、232M，4G：6M、30M，计算可得体育馆看台区域网络资源需求为5G小区142个，4G小区123个。

经现场考察及综合判断，将看台区分为108个扇区（上看台40个、中看台20个、下看台48个），采用2组频率异频插画组网覆盖，选用lampsite外接新型赋型天线。上看台和中看台均部署在垂直马道上，下看台部署在VIP观摩室包厢外延。黄龙体育中心场看台设备布置图如图7-15所示。

图7-15　黄龙体育中心场看台设备布置图

由于下看台区域pRRU安装部位周围有大量普通观众及VIP观众，需考虑美观性影响，要对安装方案进行比选（表7-2）。

下看台区域pRRU安装方案比选　　　　　　表7-2

安装方案介绍	优点	缺点	安装图片
裸装	保持了天线最佳的波束赋型能力	外形美观程度差	 裸装天线
采用伪装体（内置设备）	（1）较好地保留了天线的波束赋型能力；（2）美观程度较好，通信设备和周边环境融入一体	伪装体的大小限制了天线的方位和下倾	 采用伪装体装天线

综合考虑，采用伪装体后天线的波束赋型能力依旧可以满足下看台需求，同时兼顾了美观性，因此采取该方案。现场共计采用44个1.5m×0.43m×0.35m的方柱作为伪装体。

草坪分为6个区块在顶棚内圈马道上按照DAS及lampsite联合部署。各功能区则根据使用需求，对信息传输需求高的场所，例如VIP包厢、媒体发布厅、会议室等采用pRRU入室覆盖；对常规区域，例如普通办公室、走廊、共同沟等采用DAS RRU覆盖。分共部署传统DAS RRU 26台、pRRU（内置）169台。

3）黄龙体育馆5G网络布置方案

黄龙体育馆布置与黄龙体育场类似，采用2组频率异频插画组网。由于其场馆范围小、高度较低，经理论计算后确认，天线无需下沉，均布置在马道上。

根据用户容量需求，看台只需在外圈马道上布置20台pRRU5961H外接赋型天线，中央布置2台pRRU在顶层马道上。黄龙体育中心馆pRRU点位布置图及pRRU现场布置图如图7-16、图7-17所示。

（2）智慧大脑

1）现场实施情况

黄龙体育中心信息机房作为场馆驾驶舱，其信息中心机房内设置面积约为25m²的高清大屏。驾驶舱中子模块包含基础数据子系统、综合管理子系统、安防管理子系统、设备管理子系统、环境管理子系统、能耗管理子系统、知识管理子系统、物业管理子系统、中台管理子系统、IoT物联网管理子系统、活动管理子系统等11个模块。

黄龙体育中心内4500多个专业设备均进行"数字孪生"，借助5G技术接入智慧大脑中各个子模块。运营者借助主界面访问各子模块所集成的数据信息，实时监测各系统

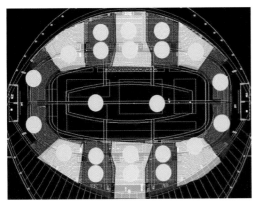

图7-16 黄龙体育中心馆pRRU点位布置图　　　　　　图7-17 pRRU现场布置图

运行状况，还能够快速高效地处置各类突发状况。黄龙体育中心智慧大脑主界面及智慧大脑运营态势如图7-18、图7-19所示。

图7-18 黄龙体育中心智慧大脑主界面

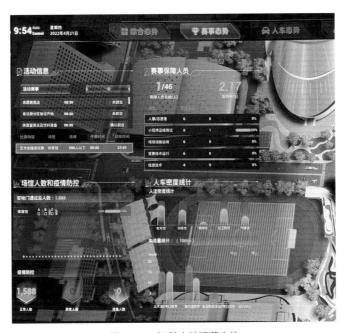

图7-19 智慧大脑运营态势

2）安防管理子系统

视频监控系统、入侵报警系统、出入口控制系统、电子巡更系统、可视对讲系统均属于安防管理系统，由包含的电子监控、门禁、车道闸机、巡更机器人等末端智能感知设备构成智能感知层。

场馆运营者在驾驶舱内对末端智能感知设备所采集的信息进行查看，可实时看到场馆内各个区域有关安防管理的现状，了解人员热力、人群聚集、车流量等情况，以防出现管理盲区。除人工判断外，智慧大脑还可结合AI技术，进行人脸布控、徘徊检测、区域入侵检测等，自动判断安全隐患的苗头，提前预警预判，防患于未然。

同时，智慧大脑可将近期的运营安防告警、安防事件进行分类、汇总，以便管理者及时对安防管理中的不足做出修正，为场馆治安防控、应急指挥等综合应用提供多方位、深层次、预警性的信息支持，推动场馆安防智能化防控转型升级。

3）能耗管理子系统

该系统基于循环神经网络算法，采用智能寻优控制。场馆内人流密度、室内温度、湿度、自然光线、空气质量均由末端感知设备依靠5G链路将数据上传至智慧大脑进行大数据集成和综合分析。根据运营者的预设程序，大脑将对处理分析后的数据作出反应，将控制信号传给末端执行设备（如新风机组、空调机组、照明设备等），做到智能闭环控制。

此外，大脑会将闭环控制的全过程自动生成统计表、柱状图等直观统计图形供管理者直观查看，对控制过程中的不足及时进行修正、纠偏。此系统较好地平衡了场馆运营能耗成本与使用者的体验感受，经测算，约可节约20%的能耗，具有较好的经济效益和社会效益。智慧大脑能耗态势如图7-20所示。

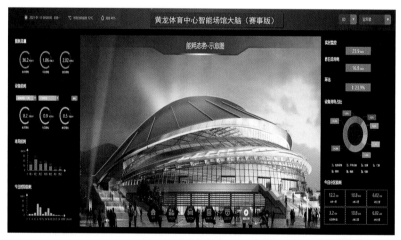

图7-20　智慧大脑能耗态势

（3）5G+技术应用

1）5G高精度定位

根据建筑、电气施工后实体及初步施工后的蓝牙AP布置，进行网络优化，确保蓝牙网络覆盖范围及网络的畅通。定位系统工作时，蓝牙AP网络精准采集用户三维坐标

大型体育场馆
有机更新技术创新

信息，利用蓝牙转5G专用设备及体育场馆中布置的5G专网，将信息打包上传至体育中心内的服务器进行统一处理，处理后重新反馈至用户。该功能的实现融合蓝牙在垂直定位上的优势和5G在信号传输上的优势，打造一种场馆群定位的新思路。

2）5G+AR导航导览服务

依靠5G网络作为桥梁，将AR计算从用户端侧转移至云侧，实现计算资源的远程连接。项目云端服务器内部署场馆全局地图数据、采集全局用户信息，在云端做到高精度、高效处理。依靠AR增强现实技术将地图图像数据与用户信息数据叠加，回传至用户端，实现在真实道路上生成虚拟的指引信息，做到更直观的引导。5G+AR导航导览如图7-21所示。

图7-21　5G+AR导航导览

3）5G+子弹时间观赛应用

为构建"子弹时间"观赛系统，体育中心赛场内架设大量8K高清摄像机形成摄像矩阵，每台摄像机均连接Wifi，采集独立视频信号，经Wifi转5G设备后将信号通过场馆内5G网络上传至MEC服务器，由MEC进行编码、解码和运算，做到实时拼接缝合、全景包装，实现视频内容的实时生产。

经运算、渲染后得到的视频，转码下行，经网络分发平台最终回到用户端的设备。观众可根据自身需求，从不同视角观看现场实况，极大地增强了"临场感"。

4）5G+AR冠军合影

"人机交互"，增强观赛趣味性是办赛的一大要点，因此项目架构"端边云网"全链优势。"端"侧，采用4K高清摄像头采集终端观众影像数据及65K高清大屏执行最终结果；"边"侧，于就近端计算平台对观众选择的冠军影像、场景进行边缘计算，满足实时反馈需求；"云"端，集合"边"侧数据与大数据平台数据混合，进行存储、计算服务，为"端"侧执行、"边"侧运算的进一步优化打造基础，同时通过云端的数据调取，达到数据可视化目的，通过深入分析可更了解用户爱好与服务需求，进一步挖掘应用价值；"网"侧，5G的高传输速率、更强的运算力，使全链各节点更加紧密联系，协同工作。5G+AR冠军合影如图7-22所示。

图7-22　5G+AR冠军合影

5）5G+云端安防机器人

本技术利用5G的云端协同作用，令机器人增强本体智能，提升自身算力，让其功能不仅局限在高清视频的实时回传，更可以做到多场景同时聚集在云端进行综合的系统分析，提供及时的多场景同时协作。

5G+云端安防机器人分为防疫和安检两种功能。防疫功能依靠超低时延的5G网络，通过5G热成像体温监测系统集成红外热成像、人脸识别和图像处理技术，沿云端预设路线前进，大面积、非接触式地快速监测场馆内人员的体温，筛选高温人员并进行现场、指挥中心两处报警。而安检功能机器人具有360°高清摄像头，可以通过5G技术将监控到的视频实时回传到云端与人、车道闸机或稽查布控系统中的图像进行图像分析，快速筛查是否存在异常情况，若异常则立即上报指挥中心，进行联动。5G+云端安防机器人及红外线成像测温仪如图7-23、图7-24所示。

4.实施总结

建设5G+智慧场馆是以5G专网的优质覆盖为基础，对数据的充分采集、高速传输和实时分析是其核心之一。5G专网的建设需要分区块分析，将各区块的关键性服务功能、吞吐量和安全性、持续稳定的网络性能联系起来，依靠优化室分设备功能、精密计算天线波瓣角度并研发相应天线、优化算法降低传输底噪三项主要技术提升5G专网整体覆盖质量。

打造5G+数字化的场景化应用是本技术的一大核心，是平衡用户体验与场馆经济效益的最佳解决方案。应紧密结合用户需求，综合切片、MEC、云计算、AI等能力，支撑智慧大脑和场景化应用的运转。此外，场景化的应用也是依靠数据赋能，因此务必拓宽设备接入方式、增加接入设备数量、广泛采集合理分析更多的数据，才能助力场馆具备更优质的运营能力和更低的持续运营成本。

图7-23　5G+云端安防机器人

图7-24　红外线成像测温仪

5G+智慧场馆的建设不是一蹴而就的，其管理模式、功能应可根据运营所采集的大数据而优化，智慧场馆的建设中应预留充足的接口，结合人力定期对场馆运营决策方案、能力进行升级优化。

综上，5G+技术是提高智慧场馆竞争力的关键竞争资产，是推动场馆智能化转型，构建智慧场馆生态的必要技术。顺应时代潮流，高品质地应用5G+技术必然可以突破智慧场馆运营的瓶颈，创造运营商、场馆、观众等多方共赢的局面。

7.3
智慧场馆运维平台应用及管理服务系统

智慧场馆运维管理主要依靠物联网设备检测平台进行运维管理。物联网设备检测平台是基于物联网技术和物联设备对场馆设施设备运行、故障监测、自动报修、恢复正常等物理状态进行远程监测、智能化处理的管理平台。主要针对场馆范围内相关设备的监控数据、异常告警、在线情况、安全风险管理等进行统一展示。

1.智慧场馆运维平台应用

（1）建筑设备

建筑设备管理通过物联网技术对场馆给水排水、供暖、通风、空调、电气、电梯、压缩机、风管机等现场设备、系统进行统一监测，获取实时运行信息，建立设备运行数据档案，远程控制与管理以及故障处置等。

（2）建筑能耗

主要与设备监测系统、智能照明系统、环境监测系统进行联动，监测设备能耗情况以采取相应调节或优化措施。整套系统具备对场馆电、水、天然气、热量、冷量等能源消耗量和能源利用效率的监控、统计、分析、评价、预测、优化等功能。

（3）智能照明

智能照明确保适配各类场地情况、运动项目情况等所需的灯光照明模式；确保运动场地的照明照度稳定、可靠，满足群众运动健身的视觉要求；确保观众席和主席台的照明，满足观众和贵宾能在舒适的照明情况下观看比赛（图7-25）。

灯光开关设置由后台软件的实时控制，可实现在不同的场馆、场次进行自动或自助开灯、结束自动关灯、整体场地灯光控制等功能。在系统监控大屏上，能通过图文界面观察光源的状态和计算寿命、控制系统的运行状态等，便于提早维护与更换。

（4）环境及水质监控

环境及水质监控具有能够对场馆环境温度、湿度以及颗粒物（PM2.5、PM10）、二氧化碳、甲醛、噪声、氧气等空气质量要素、有毒有害气体以及水质水温的监测、评估、安全预警、智能调节等管理功能。确保室内环境和空气质量符合国家标准要求，满

图7-25 智能照明管理

足场馆用户的舒适度需求。

（5）智能门禁

智能门禁管理通过对接场馆出入口或重点部位安装的闸机等智能硬件设备，实现与系统的互联互通。在无人值守的场景下通过扫码、人脸识别或刷卡进出。保证闸机装置操作安全、可靠、有效，对闸机位置、出入对象及出入时间等进行控制和实时记录，同时具有非法闯入报警功能。出入口管理系统与视频安防监控系统、入侵报警系统、消防系统联动，在遭遇特殊情况时能自动打开疏散通道安全门。

（6）消防监测

消防监测具有通过对消防设备系统的监测，跟踪建筑消防设施运行状态、火灾识别、火灾自动报警、灭火处理等管理功能。消防监测和报警区域根据体育场馆功能分区划分。系统的设计、施工、验收应符合国家、行业消防标准要求。

控制中心报警系统设置火灾应急广播，集中报警系统设置火灾应急广播；场馆的火灾报警系统、图形显示装置等设备具备网络连接功能。具备火灾自动报警联网功能，若发生无法自主控制的火情会第一时间通知消防单位。

针对场馆已安装火灾自动报警系统的建筑通过联网设备将报警进行采集联网，平台管理中心实时监控接收，以文字和图形方式显示联网单位各类报警信息，同时联动附件的监控系统，进行报警确认。

具备智能用电安全监测功能，对线路的剩余电流、过线电流、故障电弧、温度异常等进行监测预警，支持对设备进行远程实时监控与管理；具备智能消防用水监测功能，对场馆内外的消防消火栓系统和消防水喷淋系统的管网压力、消防水箱和消防水池的水位、消防泵的工况进行实时检测；具备电动车充电监测功能，对场馆外的电动车进行集中充电管理，充电监测情况可上传到中心平台；具备消防通道、登高车场地占用隐患监测功能，对建筑消防通道及出口的24h实时视频监控，对封闭、堵塞、占用消防通道等异常情况进行视频智能监测及报警回传到中心平台；具备人员值守监测报警功能，消防控制室在岗监测主要用于视频确认联网建筑消防控制室值班人员在岗、漏岗情况实现智能报警，如1h消防控制室无人出现，自动报警；具备烟火监测功能，针对被检测区域的物品温度异常、火焰等特征进行识别，并发出预警、报警，可实现联网管理，对被检测区域的测温报警（定温、差温、温升）、火点方位识别、视频复核等，对火灾进行预警、报警、可视化复核。

（7）停车管理

智慧停车管理对接停车控制系统，实现车位规划、车辆疏导、出入口控制、监视、智能停车引导、反向寻车、车底检测、自助停车缴费以及车辆防盗报警等管理功能。

根据短期、长期或固定用户采取不同的管理方式，验票机、读卡器管理系统都可接入后台程序平台，联动场馆运营小程序和场馆APP实现即时缴费。闸口监控记录进出车辆的车牌、车辆全貌、时间等抓拍信息，并于云平台存储。

2. 智慧场馆管理服务系统

（1）运营价值

1）用户体验

随时随地查场地，定场地，培训报名；移动支付，告别传统会员卡和现金模式。

2）运营流程

在线信息化处理，人工干预减少，运营效率提高；流程管理优化，服务数据分析指导。

3）商业效益

产品、市场、用户信息沉淀，助力场馆运营与商业决策，提高营收，赢得先机。

4）管理成本

标准化流程管理，在线服务代替繁杂的人工劳动，平均管理成本节约50%以上。

（2）运维价值

1）管控模式升级

基于5G+轻量化BIM，打造集运维、运营于一体的三维数字驾驶舱，实现场馆重要信息一屏全域感知、实时呈现、智能分析、科学决策、闭环处理，有效改变传统烟囱式管控模式。

2）管控手段升级

拥有智慧告警、访客记录、报修联动、巡检联动、一物一码、场景调控、扫码导览、能耗监测、环境监测及重大设备监测多种管控手段。

3）管控流程升级

针对资产管理及物业管理，高效、便捷，落实流程再造，如物业管理子系统，覆盖了日常活动从立项到进场，到活动现场，到退场，到结束的全链路自动化管理，管方案，管合同，管开销，管水电，管日程，做到活动周期的全面管理。

（3）场馆安全

1）视频巡检

通过摄像头完成巡检功能，指定摄像头按照特定时间，设置自动抓拍和闯入报警。

2）火警联动

发生火警时，同时对火警报警区域摄像头联动拍摄，提供现场情况。

3）区域监控

通过摄像头区域设置完成指定区域多摄像头闯入报警。

4）智能化人员管控

无权限人管控、人员轨迹查询。通过人脸识别系统"识人"，内部人员实现日常管理，一脸通。

（4）全民健身

全民健身设施主要包括极限运动场、空中跑道、户外健身房及儿童乐园，如图7-26～图7-29所示。包含智能步道大屏、智能步道综合管控平台、智能步道微信小程序、基于互动步道硬件的互动跑步与趣味跑步应用软件。

图7-26　极限运动场

图7-27　空中跑道

图7-28　户外健身房

图7-29　儿童乐园

7.4
亚运期间运维服务

根据第19届杭州亚运会组委会文件要求及安排，智慧场馆系统需和亚组委相关平台进行无缝对接。主要工作内容为支持赛事报名、赛事编排、新闻发布、升旗系统、电视转播和现场评论、计时计分等相关功能及参与后台处理、分析、展现和管理的各项模块。亚运期间，智慧场馆着重对黄龙体育场、黄龙体育馆、游泳跳水馆、动力中心和冠军楼这些赛事场馆展开运维服务。

智慧场馆运维平台以"智慧协同，立体可控"为重点，通过有序地在数据大屏上实时动态地展示各类数据和图表，并对各类警报做出快速定位，任务派发，通知及事件跟踪结果。利用云计算、人工智能等方式辅助配合调度，在比赛前入场、赛中至比赛结束散场各个阶段采用数据方式获取各类态势，并能通过孪生数字地图等手段多维度展示，通过指挥大屏将外部和内部采集的各类数据汇总、分析，实时形成赛事演出等各时间重要节点的标识，进行逐步演进、展示，为指挥中心提供动态展示，保障各类活动的顺利举行。

根据人员情况（场馆中人流、特征、数量等数据）、车辆情况（场馆范围内车辆的分布、数量、停车容量和进出状态等数据）、安全因素（场馆范围内相关拥堵状态和安全事件等数据）、环境因素（场馆范围内的相关环境状态、异常波动、趋势判断等数据）进行智能态势分析和展示。特别是安防、消防、人员高密度区域和重要区域的多维度预警及调度。

通过轻量化模型展示黄龙体育中心整体风貌，并与十余套自助触摸落地式导览机连接。利用3D场馆分层建模为参赛或观赛人员提供导航功能，便于出行、停车、寻找场馆及座位。应用展示内容主要作用于数字化大屏展示、场馆运营应急指挥平台、物联网管理监测系统等平台，并对官方门户网站、移动端APP、应用小程序提供支持。

7.5
本章小结

智慧场馆的整体建设遵循先进性、高可靠性、标准化、成熟性、适用性、兼容性和可扩展性的设计要求，并将各现代化信息技术进行多元融合。建设过程通过借鉴国内外场馆相关的先进经验，并在智慧化顶层设计的框架下对业务功能进行部署和划分，对业务发展具有良好的前瞻性，提供对运维业务的完善支撑。